北京经济管理职业学院资助出版

RFID安全协议分析与设计

原变青　著

科学技术文献出版社
SCIENTIFIC AND TECHNICAL DOCUMENTATION PRESS
·北京·

图书在版编目（CIP）数据

RFID安全协议分析与设计 / 原变青著. —北京：科学技术文献出版社，2018.8
（2022.1重印）
ISBN 978-7-5189-4730-0

Ⅰ．① R…　Ⅱ．①原…　Ⅲ．①无线电信号—射频—信号识别—安全技术
Ⅳ．① TN911.23

中国版本图书馆 CIP 数据核字（2018）第 179396 号

RFID安全协议分析与设计

策划编辑：周国臻　　　责任编辑：王瑞瑞　　　责任校对：张吲哚　　　责任出版：张志平

出　版　者　科学技术文献出版社
地　　　址　北京市复兴路15号　　邮编 100038
编　务　部　（010）58882938，58882087（传真）
发　行　部　（010）58882868，58882870（传真）
邮　购　部　（010）58882873
官 方 网 址　www.stdp.com.cn
发　行　者　科学技术文献出版社发行　全国各地新华书店经销
印　刷　者　北京虎彩文化传播有限公司
版　　　次　2018 年 8 月第 1 版　2022 年 1 月第 7 次印刷
开　　　本　710×1000　1/16
字　　　数　151千
印　　　张　10.25
书　　　号　ISBN 978-7-5189-4730-0
定　　　价　48.00元

前　言

RFID 技术是一种自动识别和数据获取技术。只需将 RFID 标签附着或嵌入到目标实体，无须直接接触，RFID 读写器即可识别该目标实体。随着世界各国对物联网产业的不断重视，作为物联网感知层的关键技术，RFID 无论是在技术水平还是在应用规模方面都有了长足的发展。目前，RFID 系统已经在产品管理、交通支付、物流管理及票证管理等多个领域形成了一定规模的应用。

由于 RFID 标签的存储资源和计算能力有限，而且 RFID 标签和读写器往往工作在开放的无线通信环境下，因此，RFID 系统在通信过程中容易遭受窃听攻击、重放攻击、隐私攻击等各种安全威胁。设计并应用高效、安全的 RFID 协议是实现 RFID 系统安全的重要保障。

本书首先对物联网和 RFID 系统分别做了概述，指出了 RFID 系统存在的安全性问题及主要解决办法；然后介绍了进行 RFID 安全协议分析与设计所需要的基础知识；最后分别对 RFID 认证协议、RFID 标签组证明协议、RFID 标签所有权转移协议及基于云的 RFID 协议的研究现状进行了总结，详细描述了各类协议的交互模型和安全模型，在对典型协议进行分析的基础上，设计了相关安全协议。

本书的主要创新点如下。

①组证明协议的功能是生成两个或两个以上的标签被一个读写器同时扫描的证据。安全性和效率是设计组证明协议时需要考虑的重点问题。本书在分析组证明协议安全模型的基础上，提出了一个新的读取顺序无关的离线组证明协议，即收到读写器的广播消息后，组内标签可以同时进行计算，具有较高的效率。此外，在标签端使用伪随机数生成器作为生成部分组证明的主要计算方式，使得协议适用于低成本标签的应用场景。随后，对一个典型的标签顺序读取组证明协议进行了安全性分析，发现该协议易遭受异步攻击和主动攻击。本书提出了针对该协议的改进方案，新方案在不降低原协议性能的基础上，安全性有了较大的提高。

②随着物品所有权的转移，其上附着的 RFID 标签的所有权也需要发生转移。安全和隐私问题是标签所有权转移过程中需要研究的重点问题。本书提出了一个新的轻量级单标签所有权转移协议。在 UC（通用可组合）框架下，定义了单标签所有权转移的理想函数，并证明了新协议安全地实现了所定义的理想函数，即新协议满足双向认证、标签匿名性、抗异步攻击、后向隐私保护和前向隐私保护等安全属性。与已有的单标签所有权转移协议相比，新协议中 RFID 标签的计算复杂度和存储空间需求都较低，并且与新旧所有者的交互次数较少，能够更加高效地实现低成本标签的所有权转移。

③在某些应用中，往往需要在一次会话中同时完成一组 RFID 标签所有权的转移。然而，现有的标签组转移方案大多需要可信第三方的支持，并且需要与单独的组证明协议组

合，才能实现标签组所有权转移的功能。本书设计了一个安全高效的标签组转移协议，协议在无可信第三方支持的情况下实现了一组标签所有权的同时转移。然后定义了 RFID 标签组转移的理想函数，并在 UC 框架下证明了新协议的安全性。

④随着 RFID 标签应用规模的不断增长，传统的 RFID 系统由于其有限的计算能力和低效的大规模数据管理模式，已经越来越无法满足 RFID 系统的实际应用需求。为此，学者们提出了基于云的 RFID 体系架构。本书首先分析了云计算环境下 RFID 标签所有权转移的安全和隐私需求，提出了一个基于云的无须可信第三方支持的标签所有权转移协议。新协议将标签信息存储在半可信的云服务器上，并通过在云服务器端采用代理重加密机制来创建标签的新所有权关系。随后，定义了基于云的标签所有权转移理想函数，并在 UC 框架下证明了新协议实现了该理想函数。与传统的标签所有权转移方案相比，新方案在部署成本和可扩展性方面都有较大的优势。

在本书创作过程中，笔者大量参阅了本领域国内外专家学者的论著和科研成果，也得到了很多同行及专家的指导。本书的出版得到了北京经济管理职业学院的资助。在此，一并表示衷心的感谢！由于笔者能力与精力有限，书中难免存在不妥之处，敬请各位读者与专家批评指正。

目　　录

1 绪 论

1.1 物联网简介

物联网（Internet of Things，IoT）这个概念最早是由美国麻省理工学院的 Ashton 教授于 1999 年提出的，是指在互联网基础上，依托射频识别（Radio Frequency Identification，RFID）技术，实现物品信息的智能化识别和管理，从而构造一个物品信息共享的实物网络。2005 年，国际电信联盟发布的《ITU 互联网报告 2005：物联网》丰富了物联网的内涵，将物联网感知层技术拓展到了传感网络技术、嵌入式智能技术及微缩纳米技术等领域。如今，物联网是指利用各种感知技术和设备全面获取物理世界的各种信息，通过网络互联完成物与物、人与物的信息交互，从而在现有互联网的基础上构建一个覆盖世界上所有人与物的网络信息系统，以实现对物体的智能化识别、定位、跟踪、管理和控制[1]。

1.1.1 物联网体系结构

从本质上看，物联网是指在现有各种网络基础上，将现实中的所有物体进行连接，以达到控制和管理物体的目的。因此，物联网通常被划分为 3 个层次：感知层、网络层和应用层[2-3]。

（1）感知层

感知层处于物联网的底层，主要解决识别物体、获取物体信息的问题。感知过程分为两部分，首先是通过 RFID 标签和读写器、二维码读写器、传感器、摄像头等感知设备完成数据采集，然后通过短距离传输网络将采集的信息传送给相应的控制部件。这一层涉及了 RFID、传感器、ZigBee、蓝牙等技术。

（2）网络层

网络层位于感知层和应用层的中间，它基于现有的互联网，融合移动通信网和广播电视网，将从感知层获得的信息正确且快速地传送给上层用户，同时也将用户的指令传送给相应的感知设备。本层主要涉及了 IPv6、2G/3G/4G、Wi-Fi 等远距离有线或无线通信技术。

（3）应用层

应用层处于物联网的最上层，主要是对信息感知层传送的数据进行分析和处理，获得正确的控制和决策信息，以实现既定的智能化应用。这一层涉及了海量数据存储、数据挖掘和人工智能等技术。

此外，由于物联网涉及大量的应用，物联网的管理在物联网中也有举足轻重的作用。公共技术部分负责完成物联网的标识与解析、网络管理、安全管理和服务质量管理。

1.1.2　物联网发展现状

随着物联网技术与其他信息技术的不断融合渗透，物联网技术已由孤立化应用演变为"重点聚焦、跨界融合"的新模式[4]。近年来，世界各国也投入了大量的人力和物力用于物联网技术的研发与应用。

2015 年，美国宣布了以物联网应用试验平台建设为主的智慧城市计划，该计划预计投入 1.6 亿美元。在工业制造领域，美国政府推出了以物联网技术为基础的网络物理系统，还将其作为重点支持项目以重塑美国在工业制造领域的优势。同年，欧盟投入 5000 万欧元成立了物联网创新联盟，该联盟提出了"四横七纵"的体系架构，该架构包括项目设置、价值链重塑、政策导向和标准化四大横向基础支撑，以及家居、智慧城市、农业、交通、可穿戴、环保和制造七大行业纵深领域。以日韩为首的亚洲发达国家也在不断加大对物联网技术研发的投入。日本提出大力普及农用机器人的农业物联网计划，到 2020 年该计划的规模预计将达到 50 亿日元。2015 年起，韩国计划投资 370 亿韩元用于研发物联网核心技术、MEMS 传感器芯片及宽带传感设备。新加坡政府则通过制定传感器网络及特定领域产品的标准，为创建统一的物联网体系结构打下良好的基础。

自从 2009 年提出"感知中国"这个概念以来，物联网已经成了我国的新兴战略性产业。2012 年 8 月，为推进物联网有序健康发展，我国建立了由发展改革委、工业和信息化部等 10 多个部门共同参与的物联网发展部际联席会议制度，并于 2013 年 9 月印发了有关物联网的顶层设计、标准制定、技术研发、应用推广、产业支撑、商业模式、安全保障、政府扶持措施、法律法规保障、人才培养 10 个专项行动计划。近年来，物联网技术更是进入了高速发展的快车道。据统计，2015 年我国物联网产业的市场规模达到了 7500 亿元，2017 年已破万亿元。预计到 2020 年，中国物联网的整体规模将超过 1.8 万亿元。目前，我国已初步形成环渤海、泛珠三角、长三角及中西部地区四大区域集聚发展的物联网空间格局，并拥有多个国家级物联网产业发展示范基地，具备了包括芯片和元器件、设备、软件、系统集成、电信运营、物联网服务等在内的物联网产业链。

1.1.3 物联网的安全需求

随着物联网的蓬勃发展，引入物联网设备的种类越来越多，各类设备的性能和功能也千差万别。这些设备的引入，特别是大量具有移动性的智能设备的引入带来了许多新的安全和隐私问题，主要是安全认证问题和隐私泄露问题[5]。

首先，物联网中会引入大量的传感器或者贴有 RFID 标签的物品，在部署或者使用这些设备时必然会带来认证的问题。虽然传统网络中有很多成熟的认证协议，但由于这些认证协议大多都是基于计算能力较强的台式机等终端设计的，因此，无法将这些认证协议直接应用到低成本的、计算能力有限的标签或者智能终端设备上。

其次，由于大多数的物联网应用都是采用无线通信的方式进行连接的，故敌手可以通过窃听无线信号的方式来获取各个节点所发送的信息。特别是随着智能手机的大规模普及，人们在日常生活中会经常性地使用自己的智能手机来获取相关的应用和服务，在获取这些应用或者服务的过程中，用户或多或少地需要提供自己的身份信息、地理位置信息等用户敏感的隐私信息，这就造成了用户隐私泄露的风险。例如，有的用户喜欢将自己的旅游、社交等活动发布在自己的微博上，而发布的这些信息中可能含有很多不该被陌生人知道的信息，如用户的家庭住址、工作单位、车牌号等个人隐私信息。如果这些信息被不法分子获取，将会造成很多不必要的损失。

因此，物联网的诞生，给人们的生活和生产带来便利的同时，对系统的安全和隐私保护都提出了更高的要求。解决好安全和隐私保护问题将是物联网技术能否被社会所接受乃至被广泛应用的关键。由于物联网的体系框架还处在不断演进的过程中，所以对于物联网安全和隐私保护的研究也处在不断的演进过程中。当前，大多数关于物联网安全与隐私方面的研究都是基于物联网在不同领域的不同应用场景进行的有针对性的研究。

1.2 RFID 概述

随着贸易市场和交通运输业的发展，物品识别变得越来越重要。第一个物品自动识别技术是条形码技术，该技术至今仍然被广泛使用。然而，使用条形码识别物品存在如下问题：需要将扫描仪近距离对准条形码，而且一次只能扫描一个物品等。RFID 技术的出现正好解决了上述问题。

RFID 是一种自动识别和数据获取技术。通过将 RFID 标签附着到特定目标实体，如产品、动物和人等，读写器无须直接接触目标实体即可实现对特定目标实体的识别和数据的搜集。通过使用无线电波识别或跟踪附着在物品上的电子标签，RFID 技术完全可以替代条形码来识别物品。此外，RFID 标签还具有成本低、读取距离大、耐磨损、数据可加密与修改等优点。目前，RFID 系统已被部署到不同的应用场景，如自动付款、资产跟踪、供应链和库存管理等领域，成为物联网感知层最为关键和应用最广的技术。

1.2.1 RFID 系统组成

一个典型的 RFID 系统通常由 3 类实体构成：标签、读写器和后台服务器。图 1-1 为 RFID 系统示意。

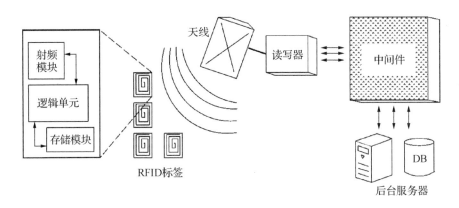

图 1-1 RFID 系统示意

1.2.1.1 标签

标签通常附着在物体上以标识目标对象。它由具有一定计算和存储能力的耦合元件及芯片组成。此外，标签内还包含用于通信的天线。

一般地，根据能量来源不同，可将标签分为被动标签、半被动标签和主动标签[6]。被动标签内部没有电源，它通过接收读写器的电磁波信号驱动其内部电路，从而向读写器回传信号。因此，被动标签成本较低且体积较小，在市场上有广泛的应用。与被动标签不同，半被动标签提供内部电源。当收到读写器的询问信号时，半被动标签可以使用内部电源驱动标签工作，具有更高的效率。主动标签内含有电池来支持其通信，它可以主动触发通信并具有 100 m 以上的读取距离，但其成本相对较高。

根据工作频率不同，可将标签分为低频标签、高频标签、超高频标签和微波标签[3]。低频标签的工作频率范围为 30 ~ 300 kHz，典型的工作频率有 125 kHz 和 133 kHz。此类标签一般为无源标签，其阅读距离通常小于 1 m。主要适合廉价、省电、近距离、低速及数据量少的识别应用，如动物识别、自动化生产等。高频标签的工作频率范围为 3 ~ 30 MHz，典型的工作频率为 13. 56 MHz。此类标签的工作方式与低频标签类似，但其传输速度有所提高。典型应用有无线 IC 卡、电子身份证、电子车票等。超高频标签的工作频率范围为 850 ~ 910 MHz。微波标签的工作频率为 2. 54 GHz。这两种标签存储数据量大、阅读距离远且具有较高的阅读速度。目前，低频和高频标签技术已经在物联网中得到了广泛的应用。由于具有低成本及可远距离识别等优势，超高频标签技术将成为未来应用的主流。

1. 2. 1. 2　读写器

RFID 读写器通常由射频模块、控制单元和耦合单元组成，一般有较好的内部存储和处理能力，复杂的计算（如各种密码操作）也可以在读写器中执行。读写器可通过有线或无线的方式和后台服务器相连，通过天线与标签进行无线通信以实现对标签的识别和读写。

1. 2. 1. 3　后台服务器

由于标签在数据存储和处理上的局限性，使得标签内存储的信息非常有限，因此关于物品的业务信息（如生产日期、型号、详细描述等）通常存储在后台服务器。后台服务器一般具有较强的处理能力，它通过数据库管理其所拥有的读写器和标签的信息。一般地，由于读写器和后台服务器的数据处理和存储能力都比较强，它们之间可以使用各种密码技术或通信协议，因此通常假设读写器和后台服务器之间的通信信道是安全的。

1.2.2　RFID 系统通信模型

RFID 系统通信模型由 3 层组成，从下到上依次为：物理层、通信层和应用层[7]，如图 1-2 所示。物理层主要处理频道分配、物理载波等电气信号问题；通信层定义了读写器与标签之间双向交换数据和指令的方式，主要解决多个标签同时访问一个读写器时产生冲突的问题；应用层主要解决与上层应用相关的内容，包括认证、识别及应用层数据的表示、处理逻辑等。一般我们所说的RFID 安全协议指的就是应用层协议。

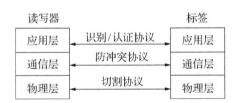

图 1-2　RFID 系统通信模型

1.2.3　RFID 系统安全

由于 RFID 标签的存储资源及计算能力有限，因此复杂的密码运算往往无法在标签端使用。此外，由于读写器通过开放的无线通信环境与 RFID 标签进行交互，使得其通信容易受到窃听、篡改、重放等恶意攻击，也极易导致标签所有者的身份、位置等隐私信息遭到泄露[1]。例如，在超市，粘贴在一个昂贵商品上的电子标签可能被改写为一个便宜的商品的信息；在企业，竞争对手可以在库

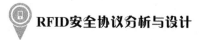

房的出入口秘密安装一个读写器，以掌握企业的物资流转情况。

为了更好地评估 RFID 系统中存在的潜在风险，首先应该分析不同类型的攻击，然后采用适当的安全措施来保护 RFID 系统免受这些攻击。本小节首先详细介绍了 RFID 系统可能受到的安全与隐私威胁，然后给出相应的应对策略。

1.2.3.1　安全目标

RFID 系统除了需要保证标签和读写器之间无线传输信道上信息的安全，还需要保护标签或读写器上的数据及其自身的隐私信息不被泄露。具体地说，一个安全的 RFID 系统需要满足以下安全目标。

（1）机密性

机密性是指任何未经授权的实体均无法读取标签或读写器的内部秘密数据，也无法读取标签和读写器之间传输的秘密信息。

（2）完整性

完整性是指保证标签和读写器的内部数据及标签与读写器之间传输的数据不被非法用户篡改，或者即使数据被篡改系统也能检测到。

（3）可用性

可用性是指 RFID 系统内的合法用户能正常访问和使用系统内的信息，攻击者无法阻止合法用户获得其所需的信息。

（4）隐私性

隐私性包括信息隐私和位置隐私。信息隐私是指攻击者无法获得标签和读写器的身份等隐私信息及与标签或读写器的使用者相关的其他信息。位置隐私是指标签不会被攻击者跟踪或定位。

1.2.3.2　安全威胁

对 RFID 系统的攻击主要包括对标签或读写器的攻击、对前端无线通信信道的攻击和对后端网络通信信道的攻击。我们暂不讨论后端网络通信信道的安全性问题。因此，RFID 系统可能受到的安全威胁主要如下[8]。

（1）物理攻击

由于 RFID 标签的应用规模比较大，因此攻击者很容易获得标签并对其加以分析或破坏。一般来说，对标签的物理攻击主要包括探测攻击、电磁干扰和时钟故障等[9]。此外，通过使用小刀等工具就可以简单地破坏标签，使得标签无法被读写器识别和读取。因此，一般标签很难抵抗物理攻击。

（2）窃听攻击

窃听攻击是指攻击者未经授权而使用无线电接收设备监听并获取 RFID 标签和读写器之间无线通信信道上的数据。如果 RFID 标签和读写器之间传输的数据未经保护，那么攻击者可以直接获得标签和读写器的信息，从而导致用户的信息遭到泄露。

（3）伪造攻击

伪造攻击包含两类：一类是假冒合法读写器获取标签的隐私信息；另一类是冒充合法的 RFID 标签干扰协议的正常执行。要成功实施此类攻击，通常需要掌握相关的协议步骤和秘密信息。在进行通信时，攻击者需要接收并读取加密消息，然后将虚假信息反馈给标签或读写器[10]。

（4）拒绝服务攻击

拒绝服务攻击的目的是破坏标签和读写器之间的通信。攻击者可以通过驱动多个标签发射信号或设计专门的标签攻击防冲突协议，对读写器的正常工作进行干扰[11]。这样读写器将无法区分不同的标签，进而导致系统服务中断，使得合法的标签无法与读写器正常通信。

（5）重放攻击

攻击者截获读写器和标签之间的通信信息，然后重放这些消息来欺骗读写器或标签，以获得其所需的信息。

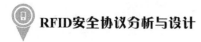

（6）中间人攻击

攻击者通过各种技术手段插入或修改标签与读写器之间的通信信息，而不被标签或读写器所察觉。

（7）标签克隆攻击

标签克隆攻击经常被归类为伪造攻击，因为这两种攻击都是从一个合法的标签上复制数据。然而，二者在本质上是不一样的。伪造攻击是模拟标签数据的传输，而标签克隆意味着将复制的数据转移到由攻击者所拥有的新标签上[12]。克隆的标签可以在 RFID 系统中执行攻击者的各种攻击计划。

1.2.3.3 安全和隐私解决方案

为了在复杂、异构的物联网环境中实现 RFID 系统的安全目标，学者们提出了基于物理方法和基于密码学方法的两类解决方案[13-14]。下面简单介绍几种比较典型的方案。

（1）Kill 命令

最初提出 Kill 命令的目的是在零售环节中通过禁用标签来保护消费者的隐私[15]。目前，该命令仅在部分类型的标签中使用。通过输入 PIN 码来触发 Kill 命令，命令启动后标签的所有信息都被破坏且该标签将永久停用，以确保客户的隐私安全。因此，PIN 码需要被很好地保护，以防攻击者利用获得的 PIN 码破坏标签的正常使用。

（2）法拉第笼方法

法拉第笼方法通过屏蔽电磁波信号来保护 RFID 标签的隐私信息。具体做法如下：将带有标签的物体放入金属网或金属箔制成的法拉第笼中，由于无线电波无法穿透法拉第笼，从而使得 RFID 标签无法与外界通信。然而，攻击者可能利用这个原理屏蔽物品以防止物品被读写器扫描，从而达到盗取物品的目的。此外，当物品较多时，大规模地使用该方法也不太便利。因此，该方案更适用于标签偶尔被使用的场景。

（3）阻塞方法

阻塞方法[16]利用称为阻塞器的特殊标签防止隐私区标签被读写器扫描。首先，在标签中加入一个比特，称之为隐私位。其中，隐私位为"0"表示该标签可被公开扫描，隐私位为"1"表示标签是秘密的，无法被扫描。因此，标识符以"1"开头的标签被称为隐私区标签。当 RFID 读写器发送请求时，阻塞器通过模拟各种可能的标签序列号发送伪造消息给读写器，从而阻止读写器获得真正的标签序列号。需要访问受保护标签时，只要去除阻塞器即可。

（4）主动干扰方法

主动干扰方法[17]的原理是，使用一个设备捕获读写器传送给标签的信号，将该信号解码后，设备依据内部安全策略判断是否允许读写器访问该标签。如果访问不被允许，则设备主动广播无线信号来干扰无线信道，以防止未授权读写器的非法访问。

（5）Hash 函数

为了解决 RFID 系统中的安全和隐私性问题，早期学者们提出了多个基于 Hash 函数的 RFID 认证方案，典型的有 Hash-Lock 方案[18]、随机 Hash-Lock 方案[19]及 Hash-Chain[20]方案等。

（6）加密方法

加密方法是指通过对标签端和读写器端的输入或输出数据进行加密，来保证 RFID 系统的安全性。既可以使用对称密钥加密算法（如 DES、AES 等）来加密数据，也可以使用非对称密钥加密算法来加密数据。

（7）抗伪造技术

由于在标签中使用密码算法会增加硬件成本，Bolotnyy 等[21]提出了基于物理不可克隆函数（physically unclonable functions，PUF）的方法来保证标签的安全性。基于标签在生产过程中不可控的微小的随机化差异，PUF 对标签的一个输入将产生一个不可预测的输出。PUF 具有鲁棒性、可计算性、唯一性、不可预测性和防篡改性等属性，可应用于认证及密钥生成等领域[22]。

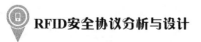

1.2.4　RFID 安全协议

早期，由于 RFID 标签技术水平和成本的限制，人们大都采用物理方法来保障 RFID 系统的安全，然而，这些方法使用起来不太方便且存在一定的局限性。因此，学者们开始着手考虑采用容易实施的密码学方法来保障 RFID 系统的安全。目前，设计高效、安全的 RFID 协议已经成为解决 RFID 系统安全性问题的重要途径。

1.2.4.1　RFID 安全协议分类

目前，学者们利用各类密码学机制，已经设计出了适用于各种应用场景的 RFID 安全协议。其中有些 RFID 安全协议已经在 RFID 系统中得到了广泛的应用。按照功能不同，可将已有的 RFID 安全协议划分为以下几类。

（1）RFID 认证协议

认证协议是指协议的一个参与方提供的对另一个参与方的身份进行验证和确认的功能。根据认证方向不同，RFID 认证协议可分为单向认证协议和双向认证协议。

①单向认证协议[23-25]，是指仅实现读写器对标签身份验证的协议，即只有合法的标签才能被读写器处理。此类协议一般适用于小区门禁等系统，也被称为识别协议[26]。

②双向认证协议，是指能实现读写器和标签双方相互进行身份验证的协议。此类协议能防止标签被非法的读写器识别与读取，从而保护标签的隐私信息。在很多情况下，尤其是在移动环境中，双向认证性显得极为重要。近年来，国内外学者们也提出了许多双向认证方案[27-30]。

（2）RFID 标签所有权转移协议

RFID 标签所有权转移协议主要是为实现标签所有权的转移提供安全保障，包括对标签密钥的安全修改和对标签新旧所有者隐私信息的保护。根据协议涉及的标签和用户数量的不同，RFID 标签所有权转移协议可分为[31]：单标签所有权转移协议、多用户单标签所有权转移协议、多用户多标签所有权转移协议[32]和标签组所有权转移协议。

（3）RFID 标签组证明协议

RFID 标签组证明协议可以生成两个或两个以上的标签同时存在的证据。首先由读写器扫描其工作范围内的标签，信息交互完成后读写器计算得到一组标签同时存在的证据，该证据可被验证者成功验证。

（4）RFID 搜索协议

RFID 搜索协议[33-35]是指在不直接接触标签的情况下，读写器通过扫描其工作范围内的 RFID 标签就能准确地搜索到某一特定标签并读写该标签。

（5）距离约束协议

为了抵抗中继攻击，Hancke 等[36]于 2005 年首先将距离约束协议引入 RFID 系统中。该协议需要实现两个功能[37]：一是实现读写器对标签合法身份的认证；二是检查标签是否在可信的通信距离范围之内。

（6）基于云的 RFID 安全协议

近年来，随着云计算技术的不断发展，学者们尝试将原先 RFID 协议中由后台服务器承担的标签信息存储和处理等功能转移到云服务器中执行。目前，已经提出了基于云的 RFID 系统架构，并陆续设计了基于云的 RFID 认证协议、基于云的 RFID 搜索协议及基于云的标签所有权转移协议等。本书在第 6 章设计了一个基于云的 RFID 标签所有权转移协议。

1.2.4.2 RFID 安全协议设计的困难性

随着物联网的不断发展，RFID 系统的应用范围越来越广、应用规模越来越大，这对 RFID 安全协议的设计提出了非常大的挑战。目前，分析与设计 RFID 安全协议的困难性主要如下。

（1）安全目标定义的困难性

不同的 RFID 安全协议有不同的功能性需求，也有不同的安全目标。即使是同一类 RFID 安全协议，随着技术的不断发展，其安全目标的内涵也有不同的延伸。

（2）运行环境的复杂性

由于运行在各种复杂的有线或无线通信环境中，而且在不同运行环境中，攻击者的能力也有差异。因此，如何准确地刻画 RFID 安全协议的运行环境及攻击者模型是一项非常艰巨的任务。

（3）安全协议的可组合性特征

在现实应用中，很多复杂协议通常是由较小的协议组合而成的。然而，敌手可能会通过各种手段将从不同协议中得到的消息或从同一协议的不同运行中得到的消息进行交叉分析和使用，从而对组合后的协议构成安全威胁，使得组合前安全的协议并不能保证在它们组合后仍然保持原有的安全性。因此，我们在设计 RFID 安全协议时要考虑协议的可组合安全性。

（4）RFID 标签资源有限特征

RFID 系统通常使用存储容量和计算资源有限的低成本标签，在这些标签上只能执行诸如异或、伪随机数生成等简单的运算和操作，而无法执行较为复杂的密码学运算，这大大增加了 RFID 安全协议设计的困难性。

1.2.4.3　RFID 协议攻击模型

本书在标准 Dolev-Yao 攻击模型[38]下分析 RFID 安全协议。因此，我们对敌手行为有以下假设[39]。

①敌手熟知现代密码学理论，能执行包括 RFID 协议各参与方所运行的算法在内的任意密码算法。

②敌手可以获得并存储通过网络传送的所有消息，并对获得的消息做任意计算。

③敌手可任意中断、篡改或转发网络中传送的任何消息。

④敌手可以以合法的身份参与协议运行，包括发起会话和接收其他合法参与方传送的信息。

也就是说，我们假设敌手能够完全控制通信信道，可以任意地读取、删除、篡改、延迟发送和重放信道中的任何消息，也可以在任何时候发起与任意参与方的会话。敌手的攻击方法主要有重放攻击、异步攻击、中间人攻击、假冒攻击、伪造攻击和隐私攻击等[40]。

我们还假定敌手在协议执行的任何时刻都可以攻陷某参与方。攻陷后，敌手能够成功获取到该参与方的内部状态数据。此外，本书暂不讨论对标签的物理攻击。

需要说明的是，在 RFID 系统中，由于后台服务器和读写器通常具有较强的计算能力，且可以实现较为安全的加密算法，因此我们假设后台服务器之间有安全的通信信道，后台服务器同与其相连的读写器之间也有安全的通信信道。然而，由于成本因素限制，标签一般具有有限的存储空间和有限的计算能力，因此，我们假设读写器与标签之间存在不安全的通信信道。

1.3 研究内容

本书针对几个 RFID 标签的应用场景进行了分析，提出了相关应用的安全与隐私需求，分析并设计了符合安全和隐私需求的 RFID 安全协议。作为一种计算可靠的形式化分析方法，UC 框架是描述和分析并发环境下协议安全性问题的理论框架，许多学者在 UC 框架下设计和分析了各种 RFID 安全协议[41-44]。我们也在 UC 框架下证明了新协议的安全性。本书的主要研究内容如图 1-3 所示。

本书的研究思路为：在传统架构下，首先对认证协议、RFID 标签组证明协议和单标签所有权转移协议分别进行了研究。然后，结合组证明协议的设计思想，在单标签所有权转移协议的基础上，

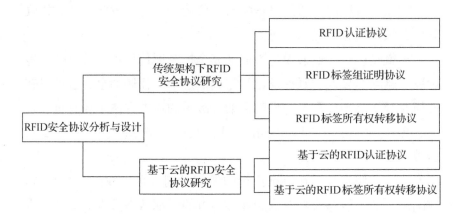

图1-3　主要研究内容

提出了新的 RFID 标签组所有权转移协议。最后，针对云计算环境下 RFID 安全协议的新特征，构建了基于云的 RFID 标签所有权转移的交互模型和安全模型，并设计了基于云的 RFID 标签所有权转移协议。

本书的主要研究内容具体描述如下。

（1）RFID 标签组证明协议研究

组证明是指使用一个读写器扫描其工作范围内的标签，生成两个或两个以上的标签同时存在的证据。组证明协议可以应用于多个领域，如供应链管理、患者用药管理、汽车零部件出厂管理等。组证明协议应满足以下功能需求：相关性、同时性、消除无效标签及防止竞态条件（多个读写器同时生成组证明）等。此外，一个安全的组证明协议还应该保证以下安全和隐私需求：标签/读写器匿名性、标签/读写器不可追踪性、双向授权访问、抗主动攻击和抗重放攻击等。

根据标签读取顺序，可将组证明协议分为两类：标签顺序读取的组证明协议和标签读取顺序无关的组证明协议。标签顺序读取的组证明协议要求读写器顺序地与每个标签交互。标签读取顺序无关的组证明协议则首先由读写器广播消息给一组标签，收到广播消息后，组内标签可以同时进行计算。本书拟解决的关键问题为：在读写器掌握少量标签信息的情况下，如何设计一个高效的且满足上述功能需求及安全和隐私需求的标签组证明协议。

（2）RFID 标签所有权转移协议研究

标签所有权是指可以识别标签并控制与标签相关的所有信息的能力。标签所有权转移意味着新所有者接管了标签的管理权，标签的原所有者需要将与标签相关的所有信息安全地传送给新所有者。由于读写器与标签之间存在不安全的无线通信信道，因此安全和隐私问题是标签所有权转移过程中需要研究的重点问题。一个安全的标签所有权转移协议应具有双向认证、标签匿名性、抗异步攻击、后向隐私保护和前向隐私保护等安全和隐私属性。

目前，现有的标签所有权转移协议有两类，即需要可信第三方支持的协议和无须可信第三方支持的协议。对于前者，由于有可信第三方的支持，所以这类方案相对容易实现，也容易在转移过程中保证新旧所有者的隐私信息。但是，在这类方案中，可信第三方和标签的所有者往往需要同时与标签共享不同的密钥，这增加了密钥管理的难度。而且，在某些应用场景中，寻找一个可信第三方是不太现实的。而现有的无须可信第三方支持的标签所有权转移协议，或者存在双重所有权问题（即标签在某段时间内同时属于新旧所有者），或者无法满足标签所有权转移的安全和隐私需求。

本书拟解决的关键问题主要有以下几个。

①如何设计一个可以高效地实现低成本标签所有权转移的协议，以有效降低协议中 RFID 标签的存储需求和计算复杂度。

②如何保证无可信第三方支持的标签所有权转移协议的安全性。

在某些应用场景，RFID 标签的所有权经常需要以群组的形式同时转移。例如，汽车销售商在向汽车生产商购买汽车时，需要保证汽车所有零部件同时出厂。一个安全的标签组所有权转移协议除了需要满足单标签所有权转移协议所需的功能和安全属性之外，还

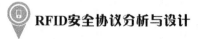

需要保证标签组转移的同时性。

本书拟解决的关键问题包括以下几个。

①在无可信第三方支持的情况下，如何设计一个安全且高效的RFID标签组所有权转移协议。

②如何保证在一个会话内完成一组RFID标签所有权的同时转移。

（3）基于云的RFID标签所有权转移协议研究

随着RFID应用规模的不断扩展，一个RFID系统需要管理的物品数量不断增加，从而后台服务器需要存储和管理的标签数量也在不断增长。这对一些中小企业来说，需要不断增加开发和运维成本。使用云服务器来代替传统的后台服务器完成标签信息的存储和管理任务是降低企业成本的一个有效方法。

本书主要对云环境下标签所有权转移协议进行了分析与设计，拟解决的关键问题是：在半可信的云服务器参与的情况下，如何同时保证RFID标签存储及所有权转移的安全性。此外，如何提高协议执行效率也是本书要解决的重点问题。

1.4　本书的组织结构

本书共包含7章，各章具体内容如下。

第1章为绪论。首先简要介绍了本书的研究背景，然后从RFID系统组成、RFID系统安全、RFID安全协议3个方面详细介绍了RFID安全协议的研究意义及研究现状，最后介绍了本书的研究内容。

第2章为RFID安全协议研究基础。本章简要介绍了设计RFID安全协议时用到的密码学基础知识，并详细介绍了通用可组合框架理论。

第3章为RFID认证协议。介绍了RFID认证协议的研究现状，并对几个典型认证协议进行了分析。

第 4 章为 RFID 标签组证明协议。本章首先介绍了组证明协议的应用场景、研究现状等，然后提出了一个标签读取顺序无关的离线组证明协议，最后对一个标签顺序读取的组证明协议进行了分析和改进。

第 5 章为 RFID 标签所有权转移协议。首先介绍了单标签所有权转移协议的应用场景、相关工作及典型协议分析。然后提出了一个新的轻量级 RFID 标签所有权转移协议，并在 UC 框架下证明了新协议的安全性。另外，介绍了 RFID 标签组转移的安全需求，提出了新的 RFID 标签组转移协议，并对新协议的安全和隐私属性进行了分析。

第 6 章为基于云的 RFID 安全协议。首先描述了云计算环境下 RFID 系统的新特征，并在此基础上提出了新的安全和隐私需求。然后对几个典型的基于云的认证协议进行了分析。最后提出了新的基于云的标签所有权转移协议，并在 UC 框架下证明了新协议的安全性。

第 7 章为总结与展望。本章首先总结了本书在 RFID 安全协议研究方面取得的主要成果，然后对未来的研究计划做了进一步的阐述。

2 RFID 安全协议研究基础

2.1 基本概念

2.1.1 伪随机数发生器

伪随机数发生器是取一个小的真随机数（称为种子）作为输入，然后用一个确定性算法将该种子扩展成为一个大的伪随机数。

定义 2.1 令 U_n 为长度为 n 的串集合上均匀分布的随机变量，G 为一个确定性的多项式时间算法。称 G 为一个伪随机数发生器，如果 G 满足下面两个条件[45]：

①扩展性：存在一个函数 $l: N \rightarrow N$，对于所有 $n \in N$，有 $l(n) > n$，且对于所有 $s \in \{0, 1\}^*$，$|G(s)| = l(|s|)$。

②伪随机性：总体 $\{G(U_n)\}_{n \in N}$ 是伪随机的，即它与均匀总体 $\{U_{l(n)}\}_{n \in N}$ 在多项式时间内是不可区分的。

2.1.2 Hash 函数

Hash 函数也称为压缩函数、杂凑函数。使用 Hash 函数可以将任意长度的二进制输入序列转换为固定长度的二进制输出序列。在密码学中，Hash 函数通常用于构造数据的"指纹"，为数据完整性提供保障[46]。

定义 2.2 令 $l \in N$ 为安全参数，x，y 为任意二进制串，则安全的 Hash 函数 $h(\ ): \{0, 1\}^* \rightarrow \{0, 1\}^l$ 具有如下属性：

①单向性：对于任意输入 $x \in \{0, 1\}^*$，可以很容易地求出其

对应输出 $h(x)$；但对于任意输出值 $h(x)$，要在多项式时间内求得 x 是计算不可行的。

②抗碰撞性：对给定的任意输入 x，寻找满足 $y \neq x$ 且 $h(y) = h(x)$ 的 y 在多项式时间内是计算不可行的。

③随机性：对于较大的输入集合使用 Hash 函数后，产生的结果均匀且分布随机，即任意敌手在多项式时间内无法成功地区分 $h(\ )$ 值和一个随机数的值。

2.1.3　消息认证码

在密码学中，消息认证码（message authentication code，MAC）是一小段带有验证性质的数据，这段数据可用于验证消息并保证消息的完整性和真实性。其中，完整性检测的目的是保证信息在传递的过程中没有被损坏或者被故意篡改，而消息的真实性保证用来确保消息源的正确性，以免目的主机接收到非法对象发送来的消息。

消息认证码算法顾名思义就是用来计算和生成消息认证码的一类算法。该算法接收一个密钥和一个任意长度的消息作为输入，同时输出一个消息认证码用来提供该消息的完整性和真实性验证。根据构建消息认证码算法的基本原件的不同，消息认证码算法可以分成两类：基于 Hash 函数的消息认证码算法和基于密码算法的消息认证码算法。基于 Hash 函数的消息认证码算法是利用安全 Hash 函数来生成消息认证码的，所生成的消息认证码也就是该 Hash 函数所输出的 Hash 值；基于密码算法的消息认证码算法是利用常见的对称加密算法（如 AES 等）来生成消息认证码的，其认证码就是对称加密算法针对所输入数据生成的密文或者是密文的一部分。

2.1.4　中国剩余定理

中国剩余定理是求解某类特定一次同余方程的方法[47]。

定理 2.1（中国剩余定理） 假定 $m_1, \cdots, m_n$ 为两两互质的正整数，则对整数 $a_1, \cdots, a_n$，下列同余方程组

$$\begin{cases} x \equiv a_1 \,(\bmod\ m_1) \\ x \equiv a_2 \,(\bmod\ m_2) \\ \qquad \vdots \\ x \equiv a_n \,(\bmod\ m_n) \end{cases}$$

有模 $M = m_1 \times m_2 \times \cdots \times m_n$ 的唯一解，且该解为：

$$x = \sum_{i=1}^{n} a_i t_i M_i \bmod M,$$

其中，$1 \leqslant i \leqslant n$，$M_i = M/m_i$，$t_i = M_i^{-1} \bmod m_i$。

2.1.5 二次剩余

定义 2.3 令 n 为正整数，如果存在整数 $y \in Z_n^*$，满足 $\gcd(n, y) = 1$ 且同余方程 $x^2 \equiv y \bmod n$ 有解，那么称 y 为模 n 的二次剩余[48]。

二次剩余平方根的计算方法如下：

假设 $n = pq$，其中 p、q 为两个互不相同的大素数。那么，解同余方程 $x^2 \equiv y \bmod n$ 等价于解同余方程组：

$$\begin{cases} x^2 \equiv y \bmod p \\ x^2 \equiv y \bmod q \end{cases}$$

以上两个方程式各自有两个解 $x \equiv a \bmod p$，$x \equiv -a \bmod p$ 和 $x \equiv b \bmod q$，$x \equiv -b \bmod q$，上述 4 个解组合可得到 4 个同余方程组。根据中国剩余定理，计算得到每一个方程组的解，即为同余方程 $x^2 \equiv y \bmod n$ 的解。

在上述计算过程中，我们可以看到，要求解同余方程 $x^2 \equiv y \bmod n$，则 p 和 q 的值必须是已知的。因此，基于大整数素因子分解困难问题，在不知道 n 的因子 p 和 q 的情况下，求解同余方程 $x^2 \equiv y \bmod n$ 是计算不可行的。

2.1.6 代理重加密机制

在很多应用场合下，都需要把原先由公钥 pk_1 对消息 m 加密所得的密文转换为由公钥 pk_2 对消息 m 加密所得的密文，代理重加密系统可以较好地解决此类问题。在代理重加密系统中，代理者在获得由授权人产生的针对被授权人的转换钥（即获得代理重加密密钥）后，能够将原本加密给授权人的密文转换为针对被授权人的密文，然后被授权人只需利用自己的私钥就可以解密该转换后的密文。代理重加密能够进一步保证：虽然代理者拥有转换钥，他依然无法获取关于密文中对应明文的任何信息。

代理重加密在很多场合有着广泛的应用，如加密电子邮件转发、数字版权保护、分布式文件系统、加密病毒过滤等。比如，在加密电子邮件系统中，发送给用户的电子邮件都经过用该用户的公钥进行加密，要阅读邮件必须先用该用户的私钥进行解密。假设用户 Alice 要出差一段时间，她希望在此段时间内由其秘书 Bob 来帮助处理解密邮件，然而直接将 Alice 的私钥交给 Bob 进行解密显然不是一个好的办法，如果利用代理重加密这一工具，Alice 通过将代理钥交给邮件服务器，就可实现后者在无法获知 Alice 邮件内容的前提下将这些邮件转换为针对 Bob 的加密邮件，当 Bob 收到这些邮件之后，他仅需利用他自身的私钥就可以对邮件进行解密，从而可以帮助 Alice 处理邮件了。再如，在云计算环境下，为节省设备购置和维护等方面的开销，用户可以租用云服务提供商的存储空间来存放数据。出于安全性考虑，用户通常会先对数据进行加密后再存放到云存储空间。在很多应用场合下，用户需要将某些数据与指定用户进行共享，并且希望能够避免包括云服务提供商在内的其他任何人获知这些数据内容。一个最简单的方法是：用户先把这些密文数据下载到本地进行解密，然后用指定用户的公钥进行加密后再发给该指定用户，后者就可以解密数据。然而，这种方法需要耗费大量的通信开销和运算代价，并且需要用户增加本地存储空间，这不符合用户通过云计算节省设备开销的初衷。利用代理重加密这一工具就能更有效地解决这一问题：用户只需要将代理钥交给云计算服务商，后者就可以将加密数据转换为针对指定用户的密文，然后该指定用户利用其自身的私钥就可以访问这些共享数据。这种做法能够做到：即使云服务提供商拥有代理钥，他也无法获知共享数据的内容；用户无须下载数据到本地，因而无须额外购置本地存储设备。

在 1998 年的欧密会上，Blaze 等[49] 首次提出了代理重加密（proxy re-encryption，PRE）的概念，即由授权人 Alice 产生针对被授权人 Bob 的代理重加密密钥，并将该密钥传给半可信代理。利用代理重加密密钥，半可信代理可以在不知道明文信息的情况下，将针对 Alice 的公钥的密文转换为针对 Bob 的公钥的密文，这样 Bob 用自己的私钥即可解密转换后的密文。目前，PRE 机制已经广泛地应用于加密邮件转发、加密文件管理等领域。根据密文转换方向分，PRE 可分为单向 PRE 和双向 PRE；根据密文转换次数分，PRE 可分为单跳 PRE 和多跳 PRE。本书主要使用单跳单向 PRE 机制，该机制主要涉及以下算法[50]。

①Setup（1^k）：该算法为系统初始化算法，令 1^k 为安全参数，算法生成全局参数 params，其中 params 包含对明文空间 M 的描述。

②KeyGen（params）：该算法为密钥生成算法，可以为授权人和被授权人生成各自的公/私钥对（pk_i，sk_i）和（pk_j，sk_j）。

③ReKeyGen（params，sk_i，pk_j）：该算法为重加密密钥生成算法，输入授权人的私钥 sk_i 和被授权人的公钥 pk_j，即可产生重加密密钥 $rk_{i \to j}$。

④Enc$_2$（params，pk_i，m）：该算法为第 2 层加密算法，输入公钥 pk_i 和明文 $m \in M$，即可生成第 2 层密文 CT_i。

⑤Enc$_1$（params，pk_j，m）：该算法为第 1 层加密算法，输入公钥 pk_j 和明文 $m \in M$，即可生成第 1 层密文 CT_j。

⑥ReEnc（params，CT_i，$rk_{i \to j}$）：该算法为重加密算法，输入针对公钥 pk_i 的第 2 层密文 CT_i 和重加密密钥 $rk_{i \to j}$，即可生成针对公钥 pk_j 的第 1 层密文 CT_j。

⑦Dec$_2$（params，CT_i，sk_i）：该算法为第 2 层解密算法，输入

第2层密文 CT_i 和相应的私钥 sk_i，算法输出明文 m 或错误符号 $\perp$。

⑧Dec_1（$params$，CT_j，sk_j）：该算法为第1层解密算法，输入第1层密文 CT_j 和相应的私钥 sk_j 算法，输出明文 m 或错误符号 $\perp$。

对于任意明文 $m \in M$，一个正确的 PRE 方案[51]需要保证以下等式成立：

$$Dec_1(ReEnc(Enc_2(pk_i,m),ReKeyGen(sk_i,pk_j)),sk_j)=m。$$

2.2 安全协议概述

2.2.1 安全协议概念

在信息系统中，所有的信息交换都需要在一定的协议规范下来进行。协议是指两个或多个参与方为完成一定任务所执行的一系列步骤。一般地，协议具有以下特点[52]：首先，协议的所有参与方都必须预先了解协议的功能及所有的协议步骤；其次，协议的所有参与方都必须同意并按照协议序列执行协议；再次，协议步骤清楚且定义明确；最后，协议需要保证完整性，即对可能出现的任何情况都应定义相应的执行步骤。

安全协议是指在攻击者的干扰下仍然能达到一定安全目标的通信协议。在复杂的网络环境中，安全协议需要保障协议各参与方的身份信息、位置信息及传输的秘密信息不被泄露。通常，实现这个目标的方法是密码技术。在安全的信息系统中，密码技术是保障信息安全的手段，而安全协议是信息系统安全的关键和灵魂[53]。

2.2.2 协议的安全性分析方法

虽然安全协议通常都是经安全专家精心设计并仔细检查过的，但由于协议之间消息交互存在着复杂的关系和制约，安全协议一般都存在一些不易发现的安全漏洞。因此，需要对协议进行安全性分析，以确保协议能够达到其安全性目标。早期，一般是通过经验或观察来完成对协议的分析。实践证明，这种方法只能发现非常明显的漏洞，对一些较为微妙的漏洞却无法检测出来。为了保证协议的安全性，需要使用更为严谨规范的分析方法。下面简要介绍已有的协议安全性分析方法。

2.2.2.1 攻击检测法

攻击检测法[54]是指设计者依据任务的安全性需求设计好协议后，根据经验分析已设计的安全协议能否抵抗网络环境中已知的各种攻击，如伪造攻击、重放攻击、拒绝服务攻击等，从而验证协议的安全属性。

攻击检测法在分析协议时简单、直观，因此得到了广泛的应用。目前仍有大量的 RFID 协议[55-57]使用这种方法分析其安全性。然而，由于敌手攻击手段的多样性，设计者使用这种方法一般无法全面地分析协议可能存在的各种安全问题。因此，该方法具有一定的局限性。

2.2.2.2 形式化分析法

攻击检测法主要依靠经验来判断协议是否能实现既定的安全目标，缺乏密码学理论的支持。学界更为推崇使用依赖于严格数学模型的形式化方法来分析协议的安全性。

自 20 世纪 80 年代以来，现代密码学的发展促使了计算复杂性方法和符号化方法两类密码协议形式化分析方法的出现。这两种分析方法的思想截然不同。计算复杂性方法基于计算复杂性理论，它通常将一些计算困难问题的解决归约为对密码协议的攻击。也就是说，如果敌手能够有效攻击协议，则可利用其攻击策略构造出一个可有效解决某一困难问题的算法。反过来，由于这些困难问题目前被认为是缺乏有效解决办法的，那么说明敌手就不能有效攻击协议，从而协议是安全的。符号化方法则基于形式化理论，它将密码协议抽象为符号化的公式，并通过一定的手段来验证或证明协议的安全性。Abadi 和 Rogaway 首次将这两类不同的方法关联起来，证明一个协议在形式化模型下具有某种安全属性，那么在计算模型下也保持相应的安全属性。此后，形式化方法计算可靠性研究越来越受到关注，成为密码协议分析研究的一个重要内容。目前，形式化分析法主要有计算复杂性方法、符号化方法和计算可靠的形式化方法。

（1）计算复杂性方法

计算复杂性方法通过评估敌手的计算代价和成功概率来判断协议的安全性[39]，即只要一个协议被攻破所需消耗的时间和资源超过了敌手的能力范围，那么该协议就被认为是计算安全的。在对实际协议进行安全性分析时，往往采用归约的证明方法，将协议的安全性证明归约到某些公认的在概率多项式时间内无法解决的困难问题上，如离散对数难解问题、大素数因子分解困难问题、单向函数的存在性等。具体地，假设想要证明安全性问题 Q，构造一个有效的多项式时间的归约变换，将对问题 Q 的有效攻击归约成一个计算复杂性理论中困难问题的重大突破。由于人们相信这个重大突破是不可能的，因此产生了与有效攻击的存在性的矛盾，从而说明问题 Q 是安全的。

计算复杂性方法始于 Blum 等[58]、Yao[59] 等的研究。最早采用的计算复杂性方法是标准模型。1993 年，Bellare 等[60] 提出了随机预言模型以提高证明效率。此外，学者们还陆续设计了 BR 模型[61]、BCK 模型[62]、CK 模型[63] 等安全模型以便于对协议进行建模。在 BR 模型中协议被定义为一组应答器，协议的交互过程被定义为敌手和应答器之间的对话，认证性是通过对话匹配来定义的，而保密性是通过敌手"猜测"秘密的优势可忽略来定义的。该方法的一个缺点是无法重用，对于每个新的协议都必须从头至尾地重新证明。BCK 模型在安全协议的设计和分析中引入了模块化的思想，通过提供可重用的模块来构造新的安全协议。CK 模型进一步用不可区分的思想改进这个模型，提出了模块化的密钥交换协议设

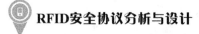

计与分析模型。该模型首先在理想世界中定义协议，然后将理想协议编译为真实协议，最后证明真实敌手能够模拟理想敌手，从而确保协议在现实世界中也是安全的。[64]

（2）符号化方法

符号化方法不考虑具体的密码算法，而是对协议的时间顺序和空间状态等逻辑方面进行形式化分析。该方法首先将协议消息表示为简单明确的符号，然后采用适当的形式化工具对这些符号进行分析。符号化方法对协议的步骤进行了抽象化的描述，这样协议设计者只需要研究协议的内在安全性质即可。

目前，基于符号理论的形式化方法大体可以分为三类：其一是基于知识和信仰的逻辑推理方法；其二是利用协议中算法的代数特征构造可能存在的攻击的攻击构造方法；其三是综合了上述两类方法优点的证明构造方法。

基于逻辑的方法，如 BAN 逻辑[65]及 BAN 类逻辑（包括 GNY 逻辑[66]、AT 逻辑[67]、VO 逻辑[68]、SVO 逻辑[69]和 MB 逻辑[70]等）。这类方法的主要特征是有一个完整的逻辑系统，该系统由推理规则、公理、语义模型、计算模型等组成。BAN 逻辑是最早提出的形式化推理模型，是安全协议形式化分析的一个里程碑。但是 BAN 逻辑过于简单，只讨论诚实合法实体的认证问题，且抽象级别太高，没有明确的语义模型来证明推理规则的正确性。BAN 逻辑之后，许多类似逻辑相继提出，称为 BAN 类逻辑。GNY 逻辑拓展了 BAN 逻辑的范围，提出了"拥有"概念，能区分实体自己的消息和外来的消息，还增加了"可识别性"概念、"非信源"概念及推理规则，比 BAN 逻辑更为全面和细致，但多达 50 个的规则阻碍了其应用推广。AT 逻辑则因其良好的计算模型和形式语义受到好评。VO 逻辑在 BAN 逻辑的基础上增加了对 Diffie-Hellman 密钥交换系统的处理能力。SVO 逻辑利用 AT 逻辑框架对以上 3 种逻辑进行了归纳和总结。MB 逻辑因提出格式化改写协议的方法及引入集合概念而独具特色，并用高阶逻辑 HOL 形式化了一个扩展的

GNY 逻辑，并以此来分析安全协议。这些方法多是基于模态逻辑，模态逻辑有一个特点，就是在多数情况下是可判定的。然而，逻辑推理的方法有着自己的不足。主要表现为逻辑的抽象性较高，这种抽象性往往会掩盖或丢掉协议执行的状态信息，因而难以完全反映协议运行的全貌。一般只能用来推理协议的认证性，而不能证明协议的秘密性。BAN 类逻辑通过对协议的运行进行形式化分析，来研究通过相互发送和接收消息认证双方能否建立信任。如果在协议执行结束时未能建立起关于诸如共享通信密钥、对方身份等信任，则表明协议存在安全缺陷。但是由于这类方法抽象层次过高，假设中存在一些不合理因素，且缺乏必要的语义基础，因此难以提供可信的认证性证明。

基于进程代数的方法，主要有 Abadi 等[71] 提出的 Spi 演算和 Api 演算等。Spi 演算将协议描述为并发执行的进程，用通道表示主体间的通信关系，由于 Pi 演算中允许通道辖域的扩展，这样安全协议中的主体能够在通信过程中建立起以会话密钥为基础的私有信道。另外，使用进程对协议中的主体建模，进程中的密码操作与并发执行状态的变化为协议过程中主体的行为提供了精确的描述。在协议的形式化分析中，攻击者能力的确定既是重要的又是困难的。虽然攻击者的能力与协议合法主体的能力密切相关，但同时它又是随着技术发展而变化的。为了对这种动态能力进行描述，Abadi 等对 Spi 演算进行了扩充，提出应用 Pi 演算，简称 Api。Api 演算使用符号集合上的函数应用表示项，用等式理论描述函数上的约简规则，灵活地对各种密码原语建模，比 Spi 演算更为通用。

基于定理证明的方法，主要有归纳证明法[72]、串空间模型[73] 等。该方法可以通过定理证明器协助完成证明过程。Pauison 归纳法使用倒推的方法证明协议的安全性：首先确定协议执行中不可能发生的事件，以此为基础在协议执行的迹中寻找可能出现的攻击状态，若存在则协议不满足安全性，沿着推理路径反向即可列出相应的攻击方法；否则，协议是安全的。1998 年 Thayer、Herzog 和

Guttman 提出基于串空间的安全协议分析方法。串空间理论中使用"串"描述协议的参与方发送消息和接收消息的行为,不同协议参与方的串组成串空间表示协议的运行,串空间运行于代数结构上。消息代数定义了串空间的数据结构及数据项之间的关系。

(3) 计算可靠的形式化方法

计算复杂性方法的理论证明过程采用数学式证明,整个过程需人工完成。这对于越来越复杂的安全协议而言更加不易,也容易出错。符号化方法通过符号化的表达式对协议的安全性进行建模,并借助符号的演算机制对协议进行安全性证明,易于实现协议的自动化分析。但是由于该方法对安全目标和攻击者能力的抽象化表达,从而使证明丧失了计算的可靠性。结合计算复杂性和符号化两种方法来分析复杂的安全协议,已经成为当前安全协议形式化分析领域的研究热点。

自从 2000 年 Abadi 等[74]首次对符号化方法的计算可靠性进行研究以来,学者们已经提出了以下几类计算可靠的形式化分析方法[64]:基于映射的方法、基于模拟的方法、已有形式化方法的计算可靠性和计算方法的直接形式化。

①基于映射的方法:包括消息映射(也称 AR 逻辑)、迹映射等方法。在基于映射的方法中,通常定义符号化模型和计算模型两种。同时,给出一个映射函数,将符号化模型中的符号映射到计算模型中,从而建立符号化方法的计算可靠性。根据映射主体不同,可将映射分为消息映射和迹映射,它们分别将符号模型下的符号消息和符号迹映射到计算模型下。通常来说,消息映射仅涉及静态的消息,而未涉及动态的行为,因此,该方法仅适用于被动攻击。而迹映射中不仅包含了静态的消息,还包含了动态的行为,因而该方法适用于存在主动敌手时形式化加密的计算可靠性。

②基于模拟的方法:典型的有通用可组合框架[75](UC 框架)和互动式模拟(RSIM)方案等。基于模拟的方法的基本思路是:为了实现某个安全属性,首先定义一个理想协议。在其中假设有一

个可信方完成所有的通信和计算，从而理想化地保证该属性的安全实现。当证明某个真实协议安全实现该属性时，只需对于任何一个攻击真实协议的行为，模拟出一个攻击理想协议的行为。这种利用模拟形式定义安全性的方法在密码学中很常用。

③已有形式化方法的计算可靠性：主要是指对已有的形式化方法（如进程演算、串空间等）进行改进，使得改进后的方法具有计算可靠性。

④计算方法的直接形式化：是指直接对计算方法进行形式化。换言之，它是直接从计算模型入手所构造的形式化模型。以这种方式构造的形式化方法与计算方法有着严格的对应性，因此其计算可靠性更为明显。对计算方法的直接形式化中通常包含了对概率的描述，已有的方法包括基于逻辑的方法（如 IK 逻辑、CIL 逻辑等）和基于进程演算的方法（如概率多项式时间演算、基于实验序列的方法等）。

总体来讲，基于映射的方法是从协议自身的角度，通过建立映射函数，将形式化模型下的消息或行为映射到计算模型下，从而保证协议分析的计算可靠性。适用于对简单协议的安全性分析，即不考虑协议的复合性。基于模拟的方法基于理想功能对安全属性进行建模，然后从协议环境的角度，通过判断真实协议与理想协议在执行中能否被环境所区分，在抽象协议和具体协议之间建立模拟关系，从而保证协议分析的计算可靠性。由于这类方法在分析安全性的同时可保证协议的通用可组合性，因此适用于对复合协议的安全性进行分析。另外，从环境的角度来看，该方法适用于主动攻击下的安全性分析。已有形式化方法的计算可靠性在已有方法的基础上进行扩展，并建立其计算模型，以保证这类方法的计算可靠性。主要适用于在已进行了形式化分析，但分析结果的计算可靠性尚无保证的情况。计算方法的直接形式化直接从计算模型入手，通过形式化抽象，构造密码协议的形式化模型。以这种方式构造的形式化方法与计算方法有着严格的对应性，其计算可靠性更为明显。这类方

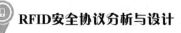

法除了可对安全协议进行分析外，还适用于对一些更低级的密码学构造进行分析，如加密方案、签名方案等。

2.3 UC 安全框架

在复杂网络环境中，协议并不是单独运行的，而是与其他协议同时运行或者同一协议的多个副本同时运行，协议之间存在调用关系或消息的收发关系，协议可以以多种方式进行组合和相互影响。单个协议的安全性不能保证多协议组合的系统的安全性。

通用可组合框架（UC 框架）是由 Canetti[75] 提出的描述和分析并发环境下密码协议安全性的理论框架。如果一个协议在该框架下被证明是安全的，则不论是与其他协议并发运行还是作为任意系统的子协议运行，该协议仍然保持安全。这个特征对于在复杂的、不可预测的无线通信环境下保持 RFID 应用协议的安全性是非常重要的[76]。

2.3.1 UC 框架概述

2.3.1.1 基本概念

定义 2.4 交互式图灵机（interactive turing machines，ITM）是扩展后的图灵机，拥有标识符带、输出消息带、3 个外部可写带和激活带等特殊带，并增加了外部写指令和读下一条消息指令。

定义 2.5 ITM 实例（ITM instance，ITI），是指程序在特定数据上运行的实例。一般地，ITM 是静态实体，用于表示算法或程序。而 ITI 为算法或程序对应的运行实体。

定义 2.6 交互式图灵机系统（ITMs）是一个集合对，用 $S = (I, C)$ 表示。其中，I 为初始 ITM；C：$\{0, 1\}^* \rightarrow \{allow, disallow\}$ 是控制函数，用于决定哪个"外部写"指令是允许的。

定义 2.7 概率分布集合 $X = \{X(k, z)\}_{k \in N, z \in \{0,1\}^*}$ 是一个无限

的概率分布集合，其中分布 $X(k, z)$ 与每个表示安全参数的 $k \in N$ 和表示输入的 $z \in \{0, 1\}^*$ 都相关。特别地，如果分布局限于集合 $\{0, 1\}$，则称 X 为二进制概率分布集合。

定义 2.8 令 X、Y 为二进制概率分布集合，称 X 和 Y 是不可区分的（用 $X \approx Y$ 表示），如果对于任意 $c, d \in N$，存在 $k_0 \in N$，使得对所有 $k > k_0$ 和 $z \in \bigcup_{k \le k^d} \{0, 1\}^k$，有：

$$|Pr(X(k,z) = 1) - Pr(Y(k,z) = 1)| < k^{-c}。$$

2.3.1.2　UC 框架简介

在 UC 框架中，协议被表示为一个交互式图灵机系统（ITMs），其中 ITM 表示每个参与方在计算中运行的程序，敌手也被建模为 ITMs。如果协议为不同的参与方指定不同的程序，那么 ITM 也应描述相应的程序。在系统执行过程中，如果一个 ITIs 集均运行协议 π，那么它们属于协议 π 的相同实例。同时，实例中的每个 ITI 为了实现共同的任务而与其他 ITI 进行交互。为了形式化地描述某个 ITI 调用对应的协议实例，使用会话标识符（SID）和参与方标识符（PID）共同表示一个 ITI。如果所有的这些 ITIs 都运行 π 并拥有相同的 SID，我们称某系统中的 ITIs 集是协议 π 的一个实例。

UC 框架旨在分析现实通信网络下协议的安全性。在该模型下，网络是异步的，无法保证消息送达，通信是公开且未认证的；敌手可以任意删除、修改或生成消息；在计算过程中，参与方可能被攻破，一旦被攻破，参与方的行为就被敌手控制。此外，框架中所有实体的运算均可在概率多项式时间内完成。

2.3.1.3　UC 框架特点

对一个通用的协议分析框架来说，首先要能够表示任务的安全需求和计算环境（包括安全威胁和安全假设），同时框架也是直观和易用的。UC 框架满足上述标准并具有以下特点。

①为了增强对各种现实状况、协议执行方法及威胁的建模能

力，UC框架允许表示开放的多参与方的分布式系统，即系统事先不需要知道参与方的数量，并且参与方在整个计算过程中可以动态地加入系统。这种建模方法考虑了现代计算机系统和网络的动态性与可重构性，也考虑了现代攻击和病毒的动态性与多态性。

②模型允许协议分析者以精确、灵活的方式表示安全需求。模型提供简单的方法表示正确性、机密性及公平性等基本安全属性，也提供了按需定制安全需求的方法。在UC框架中，可把一组安全需求转换为一个理想函数。理想函数在计算过程中可以与敌手直接交换信息，这样既表达了敌手的攻击能力，也表达了信息的泄露。

③为保持基本框架的简单明了，UC框架中的理想函数既提供了协议的安全需求的表示方法，也提供了各种通信、攻陷和信任模型的抽象表示方法。

④为简化模型描述并增强模型的模块化，UC框架将基本计算模型和安全定义分离。首先提出表示并发执行且相互交互的多个计算过程的通用模型，然后在该基本模型之上进行UC模拟。

2.3.2 UC框架基本原理

UC框架为密码协议的安全定义提供了精确的方法，我们把符合UC框架安全定义的协议称为是UC安全的。UC框架基于模块化设计思想，定义了一种描述协议安全性需求的通用方法。在UC安全框架中，密码协议的安全性不是一一列出的，而是通过理想函数F来表达协议要达到的目标。此外，UC框架引入了"环境机"的概念，用于描述与目标协议相关的所有外部协议、实体的总和，并以环境机的视角来定义目标协议的安全性。

2.3.2.1 现实协议执行模型

现实中，一个m方协议π的执行模型可描述为（Z，A，P_1，$\cdots$，P_m），如图2-1所示。其中，Z表示环境机，A表示敌手，P_1，$\cdots$，P_m表示执行协议π的多个参与方。环境机表示当前协议执行以外的任何外部环境，包括其他协议的执行、敌手及用户等。环境机和协议仅交互两次。首先，选择任意输入传给各参与方和敌手；其次，收集各参与方和敌手的输出；最后，输出 1 比特来表示环境机是在和真实协议交互还是与理想过程交互。敌手表示直接针对协议执行的攻击行为，包括对协议消息的攻击和对协议参与方的攻陷。

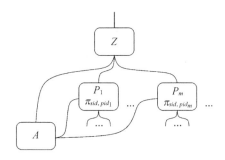

图 2-1　协议执行模型

在协议执行的整个过程中，Z 仅访问 π 的主参与方的输入和输出。它既不直接访问参与方之间的通信，也不访问 π 的子参与方的输入和输出。敌手则仅访问参与方之间的通信而无法访问参与方的输入和输出。Z 和 A 在计算过程中可以自由地交换信息。此外，从图 2-1 中可以看出，协议执行过程中的唯一外部输入来自 Z，该输入可以被视为系统的初始状态，它包含所有参与方的本地输入。环境机 Z 与敌手 A 和运行协议 π 的各参与方交互产生的输出用 $REAL_{\pi,A,Z}$ 表示。

现实模型中，协议的具体执行过程描述如下。

①首先被激活的是环境机 Z，激活后 Z 读取其内部信息及所有参与方输出带的内容，然后在某一参与方或敌手的输入带写信息。一旦环境机的激活完成，则输入带上写有信息的实体随之被激活。

②一旦敌手 A 被激活，便可读取其内部信息及所有参与方输出消息带的内容。A 可以通过在某参与方的输入带上写消息以便传送

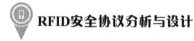

消息给该参与方，也可以攻陷某参与方。一旦攻陷某参与方，敌手便可获得该参与方的所有信息并控制其未来的行为。此外，敌手还可以在其输出带写任意信息。如果敌手传递消息给某个参与方，则在敌手结束激活状态后该参与方随之被激活；否则，环境机被激活。

③一旦某参与方 P_i 被激活，P_i 便执行其代码，并给其子参与方提供输入或给其父参与方提供输出，还可以给敌手发消息。如果是主参与方，也可以提供子输出给 Z，这样环境机可被激活。

④当环境机结束激活状态且未向任意实体的输入带写消息，则协议执行结束。环境机的输出即为协议执行的输出。

2.3.2.2 理想过程

理想模型用来描述密码协议的理想运行，其中主要涉及的实体包括环境机 Z、理想函数 F、理想过程敌手 S 及虚拟参与方 ϕ_i。理想过程通常被形式化定义为一个称为理想协议的特殊协议，该协议的重要组成部分称为理想函数。理想函数被建模为一个 ITM，它通过一组指令描述特定任务的功能和安全性需求，是一个不可攻破的可信方。在理想过程中，各参与方仅能访问理想函数，它们之间并不能相互交互。

图 2-2 描述了理想协议 $IDEAL_F$。假设 F 与 m 个参与方交互，那么理想协议 $IDEAL_F$ 的一个实例包含 m 个主参与方，称为虚拟参与方，用 ϕ_1，$\cdots$，ϕ_m 来表示。F 则为所有主参与方的子程序。一旦收到输入，每个虚拟参与方便将该输入转发给 F；任何来自 F 的输出被虚拟参与方直接转发给环境机。这些输入与输出是直接的、可靠的。F 可保持本地状态且其输出可依赖于已有的所有输入和所有的随机选择。此外，F 可直接接收敌手的消息以表示敌手对各参与方的输出的影响，还提供了给敌手传送消息的指令以表示各参与方泄露输入和输出信息。环境机 Z 与理想过程敌手 S 及理想函数 F 交互产生的输出用 $IDEAL_{F,S,Z}$ 表示。

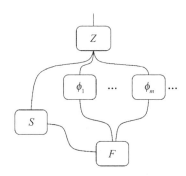

图2-2　理想协议 *IDEAL_F*

理想协议的具体执行过程描述如下。

①首先被激活的是环境机。激活后，Z 读取所有虚拟参与方输出带的内容，然后在某一虚拟参与方或敌手的输入带写信息。一旦环境机的激活完成，则输入带上写有信息的实体随之被激活。

②一旦某虚拟参与方被激活，该虚拟参与方便将其收到的输入消息转发给 F，此时 F 被激活；如果虚拟参与方输出消息，则环境机被激活。

③一旦 F 被激活，便可读取其传入通信带的内容，然后通过在输出通信带写消息以便传送消息给某参与方或敌手。一旦 F 的激活完成，在 F 被激活前处于活动态的实体随之被激活。

④一旦敌手 S 被激活，便可读取其输入带的内容。此外，它还可以读取 F 输出通信带上消息的目的地址。S 可通过 F 传送消息给某参与方，也可以攻陷某参与方。一旦攻陷某参与方，敌手便可获得该参与方的所有信息并控制其未来的行为。如果敌手传递消息给某个处于激活态的未被攻陷的参与方，则在敌手结束激活状态后该参与方随之被激活；否则，环境机被激活。

⑤当环境机结束激活状态且未向任意实体的输入带写消息，则协议执行结束。环境机的输出即为协议执行的输出。

2.3.2.3　协议模拟

在 UC 框架下，协议的安全性是通过比较现实模型中的协议和执行该任务的理想过程来定义的。敌手 S 也被称为模拟器。在安全性证明中，S 是通过模拟 A 的执行来构建的。环境机被视为交互区分器，用于区分存在敌手 A 时协议 π 的执行和存在敌手 S 时理想过程的执行。通过协议模拟，将现实模型中协议的安全问题归约到了理想环境中协议的安全问题。

定义 2.9　令 $n \in N$。我们称协议 π 安全地实现了理想函数 F，如果对于任意敌手 A，存在理想过程敌手 S，使得环境机 Z 不能以不可忽略的概率区分它是在与现实过程中的 A 和运行协议 π 的 m 个参与方交互还是在与理想过程中的 S 和 F 交互。即：

$$REAL_{\pi,A,Z} \approx IDEAL_{F,S,Z}。 \qquad (2-1)$$

2.3.2.4　通用可组合定理

在 UC 框架中，除了现实模型和理想模型以外，还有混合模型。令 π 为任意现实协议，该协议中各参与方调用理想函数 F 或 F 的多个实例，即 π 除了包含标准指令集，还包含给 F 的实例提供输入值及从 F 的实例获得输出值的指令。此外，F 的不同实例在没有总体调度的情况下同时运行。我们称这种协议为 $F-$ 混合协议，并由协议 π 使用会话标识符来区分 F 的各个实例。简单地说，$F-$ 混合协议就是调用了理想协议作为子程序的协议。

令 π 为混合协议，ρ 为可 UC 实现 F 的协议，可构建组合协议 π^ρ。π^ρ 从协议 π 开始执行并将对 F 的新实例的调用替换为对 ρ 的新实例的调用。相应地，传送给 F 一个实例的输入也被传送给对应的 ρ 的实例；ρ 的实例的任意输出被视为对应的 F 的实例的输出。此外，由于 π 可能同时使用 F 的无限个实例，因此协议 ρ 中也可能存在无限个并发运行的实例。

定理 2.2（通用可组合定理）　令 F 为理想函数，π 为 $F-$ 混

合模型下的一个 n 方协议，ρ 为安全实现了 F 的 n 方协议。那么对任意现实敌手 A，存在混合模型下的敌手 H，使得对于任意环境机 Z，存在：

$$REAL_{\pi^\rho,A,Z} \approx HYB^F_{\pi,H,Z}。 \qquad (2-2)$$

通用可组合定理表明，在协议 π^ρ 不访问 F 的情况下，运行协议 π^ρ 与运行原始的 F-混合协议 π 本质上具有相同的效果。即对于任意敌手 A，存在敌手 H 使得环境机不能以不可忽略的概率区分出它是在与敌手 A 及运行 π^ρ 的各参与方交互还是在与 H 及运行 π 的各参与方交互。

推论 2.1　令 F，G 为理想函数，π 为 F-混合模型下安全实现了 G 的一个 n 方协议，ρ 为安全实现了 F 的 n 方协议，那么协议 π^ρ 安全实现了理想函数 G。

2.3.3　UC 安全性证明

在 UC 框架下证明一个协议安全地实现了给定任务需要完成以下步骤[77]：首先，在给定计算环境中存在现实敌手的情况下形式化协议的执行过程；其次，将给定任务形式化为理想过程；最后，证明现实协议执行模拟了理想过程。

在实际应用中，UC 安全性证明的困难成了推广 UC 安全框架的重要障碍[78]。主要原因是基于模拟证明自身的困难性，即在证明过程中把现实协议和理想协议进行对比时，需要把大量复杂的信息交互串行化，这是一个难度大且容易出错的过程。Canetti[75] 在其文献中有如下设定：如果外部环境无法判断和它交互的是现实协议还是理想协议，那么现实协议安全地实现了理想函数。在实际证明过程中必须把这两种协议通过一定的信息关联起来。进行协议关联的技巧就是以理想协议中的模拟器为中心，模拟器以子程序的方式激活并运行现实协议，同时和理想函数及环境机交互，最后输出对子程序模拟的结果。将这个结果与现实协议的输出进行对比，从环境机的角度分析二者的不可区分性。图 2-3 描述了这个过程。

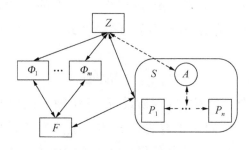

图 2-3　模拟器 S 的运行

　　模拟过程大体如下：首先运行的是模拟器，它先建立实现 UC 安全的各种假设，获得相关的秘密和陷门等信息（如私钥），这就赋予了模拟器特殊的能力，是模拟能够进行的关键所在。然后激活现实协议中的敌手 A，并把与前提假设相关的公共信息（如公钥等）发送给敌手，随后激活现实协议的各个参与方，按照现实协议脚本运行协议。此时，包括敌手 A 在内的被激活的现实协议就成了模拟器的一个子协议，模拟器根据这个子协议的运行过程，在理想协议中进行模拟。

　　模拟器模拟过程结束后，环境机将从理想函数获得的各个参与方的输出和由模拟器调用的现实协议中各个参与方的输出进行比较。如果不可以区分，就完成了协议的通用可组合安全性证明；如果可以区分，则可能是协议本身存在问题，或者模拟的策略不正确。

2.4　本章小结

　　本章主要介绍了分析和设计 RFID 安全协议时所需的一些密码学基础知识和基本工具。首先介绍了密码学中的一些基本概念，然后介绍了安全协议的概念及安全性分析方法，最后对 UC 框架进行了重点阐述。

3 RFID 认证协议

认证是指一个协议参与方验证和确认另一个协议参与方身份的功能。认证协议是系统安全或网络安全的基础。利用认证协议来确认登录系统或访问网络资源主体的身份，验证其身份的合法性，在RFID 系统中具有举足轻重的作用。根据应用场景不同，RFID 认证协议可分为单向认证协议和双向认证协议。

单向认证协议是指仅实现读写器验证标签身份功能的协议，用于保证只有合法的标签才能被读写器处理。这类协议也被称为识别协议，一般适用于小区门禁等系统。实现单向认证最简单的办法是广播表示标签身份信息的标识符，然后由读写器读取并识别。但是，直接通过明文传递标签信息容易遭到敌手的追踪、篡改、重放等攻击，采用轻量级的对称密码算法是目前实现匿名认证的主要方法。

双向认证协议是指能实现读写器和标签之间相互进行身份验证的协议。这类协议可以防止非法的读写器识别与读取标签，从而保护标签的隐私信息。在移动环境中，双向认证对保障标签和读写器的安全与隐私更为重要。为了防止被追踪，双向认证方案一般在读写器和标签相互进行匿名认证的基础上，往往还要同步更新标签的密钥。

3.1 相关工作

2003 年，Sarma 等[18]提出了 Hash-Lock 协议，协议采用 *metaID* 代替真实的标签 *ID*，从而防止了标签信息的泄露，但该协议不能抵抗重放和位置跟踪攻击。

2004 年，Weis 等[19] 提出了随机 Hash-Lock 协议。该协议是 Hash-Lock 协议的升级版，用随机数 R 取代密钥 key，但是系统易受到假冒攻击。

2004 年，Ohkubo 等[20] 提出的 Hash-Chain 协议使用不同的 Hash 函数来进行计算和更新，避免了标签被跟踪，也避免了信息被泄露。但是，协议易受到重放和假冒攻击。

2006 年，Peris-lopez 等[79] 提出了一个轻量认证协议 LMAP。该协议使用假名 IDS 作为标签的索引，且只使用了与、或、异或等轻量级密码操作，具有较高的执行效率。但是，在协议的最后一步，读写器只有收到消息 D 时才对共享密钥进行更新。这样攻击者可以阻断该消息，使得标签的密钥得到了更新，而读写器的密钥没有更新，从而导致读写器与标签的密钥不同步。因此，协议易遭到异步攻击。另外，若攻击者对标签发送 Hello 消息，标签会返回当前的 IDS。这样攻击者就可以跟踪标签，从而获取用户的位置隐私。

Ma 等[80] 研究了 RFID 的两种隐私：不可区分性隐私和不可预测性隐私，并基于 PRF 提出了一个满足强不可预测性隐私的 RFID 单向认证协议。但是，该协议容易受到拒绝服务攻击，若攻击者不断发送挑战给标签，则标签会更新自己的计数 ctr，从而导致读写器遍历查询的时间增加。

Burmester 等[81] 提出了一个满足前向和后向安全的 RFID 认证协议。该协议只需要使用伪随机数发生器 PRNG 产生认证消息，在标签和读写器之间进行 3 步或 5 步交互就可以达到认证目的。协议中，读写器查询的时间是常数，可减少服务器端的负担。该协议能抵抗在线中间人的中继攻击，并在 UC 框架下证明了安全性。

3.2　协议模型

设计一个安全合理的认证协议，需要考虑多方面的因素。在安全性方面，协议必须能够为 RFID 系统中信息的安全与用户的隐私提供有效保护。另外，对于低成本、存储量及计算资源受限的标签，协议所需要的通信量及计算量等性能指标也是需要考虑的重要因素。

3.2.1　交互模型

认证协议主要涉及 3 类实体：标签、读写器和后台处理器。图 3-1 描述了 RFID 认证协议的模型。其中，RFID 标签一般具有有限的存储空间和计算能力。后台服务器用来存储标签和读写器的信息，并通过读写器与 RFID 标签进行通信。由于后台服务器具有较强的处理能力，因此，在 RFID 认证协议中一般假设读写器与后台服务器之间有安全的通信信道。RFID 认证协议则主要解决读写器与标签之间无线传输的安全和隐私问题。

后台服务器　　　　读写器

图 3-1　RFID 认证协议模型

一般地，按照读写器与标签的工作模式可以将认证协议分为读写器先讲模式和标签先讲模式[30]。对于包含被动式低成本标签的系统，一般采用读写器先讲模式。假设读写器和标签之间的对称密钥为 x，标签标识为 ID。简单认证协议的过程可描述如下。

①读写器产生随机数 r_1，然后将 r_1 及认证请求 Query 发送给标签。

②标签产生随机数 r_2，作为自己的挑战。然后计算认证消息 M_1 和 M_2 发送给读写器，其中 M_1 和 M_2 通常为一个关于 ID 和密钥 x 的恒等式。

③读写器把 M_1 和 M_2 发送给后台服务器。后台服务器在其数据库中遍历查询,查找到对应的记录后,把(ID, x)发送给读写器。除了进行遍历查询,还可以通过提前计算、缓存、并行计算等其他机制来提高命中率。

④如果标签被验证为合法,读写器产生认证消息 M_3 发送给标签。

⑤标签通过消息 M_3 来验证读写器是否合法。

协议中,为了保护标签的隐私,认证过程中不会直接把标签 ID 明文传输给读写器。因此,读写器在未完成认证时,并不知道要认证哪个标签。r_2 的作用主要是为了防止攻击者根据标签返回的认证消息 M_1 和 M_2 来识别与跟踪标签。由于标签的计算能力非常有限,可采用的安全机制比较少,这样攻击者可能通过侧信道分析等攻击跳过认证机制,直接获得标签的私钥。为此,我们还需要保护标签以往的交互信息,使得攻击者不会根据标签现在的密钥获得标签以前的密钥及其他隐私数据,即协议需要具备前向安全性。因此,需要将上述双向认证协议进一步扩展为密钥可更新的 RFID 双向认证协议,即在每次认证后,更新读写器和标签之间的共享密钥。

3.2.2　安全与性能需求

3.2.2.1　安全需求分析

RFID 认证协议主要满足安全和隐私保护两个基本特性[82]。一个 RFID 认证协议是安全的,主要是指攻击者不能通过假冒标签的方式获得读写器的认证。一个 RFID 认证协议具有隐私保护属性,指的是 RFID 认证协议满足匿名性和不可追踪性。如前所述,RFID 认证协议主要解决读写器与标签之间无线传输的安全和隐私问题,因此为了不失一般性,假设读写器与后台数据库之间有安全的通信信道。协议中,我们主要讨论读写器和标签之间交互的安全性与隐私性。

（1）安全性

安全性方面是考虑协议能否抵抗已知的攻击。主要攻击方式包括窃听攻击、拒绝服务攻击、重放攻击、中继攻击、异步攻击等。其中，窃听攻击是指攻击者使用无线电接收设备对无线通信链路进行监听，从而获得 RFID 标签和读写器之间的通信数据，以便对系统进一步攻击。拒绝服务攻击是指攻击者通过驱动多个标签发射信号或设计专门的标签攻击防冲突协议，对读写器的正常工作进行干扰，从而导致合法的标签无法与读写器正常通信。重放攻击是指攻击者将标签回复的信息重放给读写器，使读写器相信攻击者是一个合法的标签。中继攻击是中间人攻击的一种，攻击者通过原封不动地转发读写器与标签之间的通信消息，使假冒的标签通过读写器的认证。这类攻击利用了认证协议没有对认证时间进行明确的规定这一漏洞。异步攻击指攻击者破坏读写器和标签之间密钥同步过程，使读写器与标签的密钥失去同步，从而导致合法的标签不能通过读写器的认证。

（2）隐私性

隐私性包括标签携带信息的隐私及标签位置的隐私。

信息隐私性：协议必须保护标签的私密信息，如密钥及身份标识的隐私安全，即攻击者不能通过读写器与标签之间的通信内容推断出标签的真实标识。

不可追踪性：是指攻击者通过对标签的响应信息进行分析，不能区分出两个不同的标签。

3.2.2.2　性能需求分析

认证协议的性能主要由协议认证双方所需的存储量、计算量及通信量来衡量。存储量是指认证双方在协议运行过程中所需要信息的存储量，如共享的密钥及中间变量。计算量是指认证双方在协议运行过程中需要消耗的计算资源，该指标对于计算资源有限的低成本标签特别重要。通信量是指认证双方执行一次协议所需的通信次数。在保证协议功能的前提下，要尽可能地减少通信量。

在匿名认证协议中，读写器获得 RFID 标签发送的加密信息后，需要搜索后台数据库中存储的密钥，如果能找到对应的解密标签信息的密钥，则认证成功；否则认证失败。目前，后台数据库主要有两种存储密钥的方法，一种是直接存储，认证协议需要采用穷举搜索法逐一查找数据库中的密钥，时间计算复杂度为 $O(n)$（n 为系统中的标签数），标签密钥的空间复杂度仅为 $O(1)$。另一种是基于树的存储，即将共享密钥存储于平衡树。这种方法可以将认证标签的时间复杂度降为 $O(\log n)$，但同时也将标签存储密钥的空间复杂度提高到了 $O(\log n)$。此外，由于标签间存有大量的相同密钥，使得协议容易遭受俘获攻击。因此，如何在提高认证效率的同时还能最大限度地保障系统的安全性是设计认证协议要解决的关键问题。

3.3 典型协议分析

3.3.1 Hash-Lock 协议

2003 年，Sarma 等提出了 Hash-Lock 协议，主要目的是解决匿名性的问题，协议采用 $metaID$ 代替真实的标签 ID，以防止标签信息的泄露和被追踪。图 3-2 描述了协议的主要执行过程。

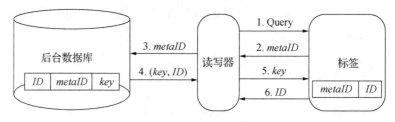

图 3-2　Hash-Lock 协议

在初始化阶段，每个标签内存储（$metaID$，ID）。$metaID$ 值是标签 ID 经过 Hash 计算的结果值，即 $metaID = H(key)$。其中，key 为标签密钥。后台数据库中存储每个标签的（$metaID$，ID，key）。

协议具体执行步骤如下。

①读写器首先发起查询请求。

②标签收到请求以后，返回 $metaID$ 值。

③读写器将 $metaID$ 转发给后台数据库，后台数据库找到与 $metaID$ 对应的标签标识 ID 和密钥 key，将（key，ID）返回给读写器。

④读写器将接收到的标签密钥 key 发送给标签。

⑤收到 key 后，标签计算 $H(key)$，并与 $metaID$ 进行对比，如果相等，标签将其真实 ID 返回给读写器。

⑥读写器判断从标签返回的 ID 与服务器端发送的 ID 是否相等，如果相等，标签认证成功；否则，标签不能通过认证。

Hash-Lock 协议采用 Hash 函数，且标签端仅需计算一次 Hash 值，成本较低。然而，虽然该协议试图通过采用替代的方法保护标签 ID 不被获取，但协议本质上并没有改变 $metaID$ 和标签 ID 对应且存在的一一映射关系。表面上标签的 ID 没有暴露，但恶意攻击者仍然可以通过获取 $metaID$，达到定位、追踪标签的目的。此外，整个协议过程中，$metaID$、ID 和 key 均以明文的形式进行传输，认证过程中信息的机密性和完整性也无法得到保障。

3.3.2 随机 Hash-Lock 方案

Hash-Lock 协议虽然隐藏了真实的 ID，但 $metaID$ 始终保持不变，很容易受到追踪，从而泄露用户隐私。Weis 等扩展了该方案，提出了随机 Hash-Lock 方案，如图 3-3 所示。该方案针对 Hash-Lock 协议中标签 ID 没有更新机制而产生的安全隐患，引入随机数与标签 ID 进行绑定，使得标签 ID 在每一次的认证过程中都动态更新，以防止攻击者对标签的恶意追踪。

协议的主要执行过程如下。

①读写器首先发起查询请求。

②收到请求以后，标签计算 $H(ID_k \| R)$，其中 ID_k 和 R 分别为标

RFID安全协议分析与设计

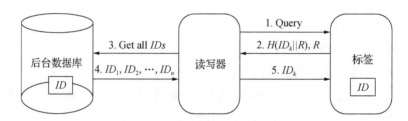

图 3-3　随机 Hash-Lock 方案

签标识和标签产生的随机数。随后，标签将 $(R, H(ID_k \| R))$ 返回给读写器。

③读写器向后台数据库提出获得所有标签标识的请求。

④后端数据库将所有的标签标识（ID_1，ID_2，$\cdots$，ID_n）发送给读写器。

⑤读写器寻找使 $H(ID_k \| R) = ID_k \| R$ 成立的 $ID_j (1 \leqslant j \leqslant n)$，如果找到，则标签通过认证，读写器将满足条件的 ID_j 发送给标签。

⑥标签判断 ID_j 与 ID_k 是否相等，如果相等，则读写器通过认证。

随机 Hash-Lock 方案增强了用户的隐私属性，但标签 ID 仍以明文的形式进行传输，导致攻击者一旦截获该信息标识，依然可以实现对标签的有效追踪和标签假冒。此外，协议中后台数据库需要将所有标签的标识发送给读写器，效率较低。

3.3.3　Hash-Chain 协议

Hash-Chain 协议采用共享秘密的方式，使标签具有自主更新 ID 的能力，来实现每一次认证过程中标签 ID 的动态生成。该协议是一个只对标签身份进行合法性验证的单向认证协议。其协议流程如图 3-4 所示。

初始化阶段，标签和后台数据库共享一个初始秘密值 $s_{t,1}$。$G()$ 和 $H()$ 是单向 Hash 函数。标签和读写器之间的第 j 次认证过程如下。

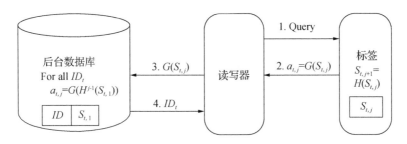

图 3-4 **Hash-Chain** 协议

①读写器向标签发送 Query 认证请求。

②标签使用当前的秘密值 $s_{t,j}$ 计算 $a_{t,j} = G(s_{t,j})$ ，并更新其秘密值为 $s_{t,j+1} = H(s_{t,j})$ ，然后将 $a_{t,j}$ 发送给读写器。

③读写器将 $a_{t,j}$ 转发给后台数据库。

④后台数据库在其所有标签数据项中查找并计算是否存在某个 $ID_t (1 \leq t \leq n)$ 使得 $a_{t,j} = G(H^{j-1}(s_{t,1}))$ 成立。如存在，则认证通过，并将 ID_t 发送给读写器；否则，认证失败。

该协议中标签具有自主更新 ID 的能力，能避免标签被追踪。但是，由于协议只对标签进行了身份验证，因此非常容易受到重放和假冒攻击。只要攻击者截获某个 $a_{t,j}$ ，它就可以进行重放攻击，伪装标签通过认证。此外，每次标签认证时，后台数据库都要对每一个标签进行 j 次 Hash 运算，增加了计算量，使其无法满足海量标签认证的性能要求。

3.4 本章小结

由于标签的成本限制，设计满足低成本标签要求的轻量级认证协议非常必要。同时，能抵抗目前已知的攻击方法，如重放攻击、中间人攻击等，且能防止跟踪，保护标签所有者的隐私也是 RFID 认证协议的设计需求。此外，对于大规模的 RFID 系统在效率上存在瓶颈，设计既能隐藏标签身份又能让读写器在有限时间识别的轻量级 RFID 认证协议将是认证协议下一步的研究重点。

4 RFID 标签组证明协议

组证明是指两个或两个以上的标签被一个读写器同时扫描生成的这些标签同时存在的证据，该证据既可以被在线验证，也可以由一个可信方离线验证。下面举例说明组证明协议的几个典型应用场景。

①在供应链管理中，制造商将贴有标签的货物委托给承运人后，往往想要了解货物在运输过程中的完整性。这时，承运人可以在运货过程中生成货物的组证明并将其传送给制造商以便实时检验，或者将该组证明保存作为产生争议时使用的证据。

②在医院，护士为患者分发多个药品时，可以使用读写器扫描这些药品的标签以产生组证明。该组证明可以由医院来检验护士是否准确地按照医生的处方为患者分发了药品。如果未来产生了医疗纠纷，该组证明也可以作为证据使用。

根据验证者在组证明生成过程中是否在线，可将组证明协议分为在线组证明协议和离线组证明协议。在线组证明协议要求，在读写器扫描标签及生成组证明的过程中，验证者需一直保持在线。因此，使用一般的标签认证协议即可实现协议功能。离线组证明协议在读写器扫描标签组并生成组证明的过程中，无须验证者保持在线。在读写器生成组证明后，验证者可随时调取并核实该证据。本章重点研究离线组证明协议。

本章首先介绍了 RFID 标签组证明协议的研究现状，然后分别对标签顺序读取和标签读取顺序无关这两种组证明协议进行了研究。设计了一个新的标签读取顺序无关的离线组证明协议，并对 Sundaresan 等提出的标签顺序读取的组证明协议进行了分析和改进。

4.1 相关工作

2004 年，Juels[83]首次引入"联合证明"的概念，即两个标签同时被一个读写器扫描的证据。同时，他还提出了两个产生此类证据的协议，但两个协议均被证明不能抵抗重放攻击。Saito 等[84]提出了针对 Juels 协议的改进方案，他们还把"联合证明"概念扩展为"组证明"。此后，学者们陆续提出了多个 RFID 标签组证明协议[85-87]。

Burmester 等[88]提出了组证明的安全模型，并首次引入了组密钥以防止无效证据的产生。然而，Peris-Lopez 等[89]指出 Burmester 等的协议易受到多重伪造攻击。随后，他们通过分析已有的组证明协议，总结出设计一个安全的组证明协议应该遵循的一系列规则。最后，提出了一个适用于低成本标签且符合安全组证明协议规则的联合证明协议，并称之为 Kazahaya。

Ma 等[90]指出在 Kazahaya 协议中，由于验证者需要精确的时间，因此该协议只能以在线模式运行。随后，他们通过引入一个提供可信时间戳的时钟标签，提出了一个离线组证明协议。然而该时钟标签只能为半主动或主动标签，这限制了该协议的应用范围。

Sundaresan 等[91]基于二次剩余提出了一个组证明协议。然而，由于在标签端大量使用模平方运算，因此他们的方案不适合低成本标签。此外，协议要求读写器必须保存标签的密钥信息，这对大部分应用也是不可行的。

Liu 等[92]将组证明协议扩展到了多读写器多标签存在的分布式 RFID 系统，并提出了一个基于组证明的认证协议。然而，他们的协议易遭受异步攻击和隐私攻击。

2014 年，Sundaresan 等[93]总结了安全组证明协议的设计需求，并提出了一个遵循 EPC C1G2 标准的组证明协议。然而，该协议不能抵抗异步攻击且易受到主动攻击。此外，协议还需要一个可信的

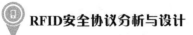

时间戳服务器，这限制了协议的应用范围。

上述协议均为标签顺序读取的组证明协议，Lien 等[94]首次引入了标签读取顺序无关的组证明协议。但他们的方案在产生部分组证明的阶段仍然是顺序读取的。此外，该方案还易遭受异步攻击。Sun 等[95]提出了两个标签读取顺序无关的组证明协议。然而，他们的协议易遭受隐私攻击和异步攻击。Duc 等[96]基于（n，n）秘密分享，提出了一个组证明协议，但他们的协议易受到隐私攻击和多重伪造攻击。Chen 等[97]为保障患者的用药安全提出了一个标签读取顺序无关的组证明协议。然而，他们的协议易受到子集攻击。

4.2　典型协议分析

4.2.1　Burmester 等的组证明协议分析

Burmester 等[88]提出了 3 个标签顺序读取的离线组证明协议，分别是不支持匿名性、支持匿名性、同时支持匿名性和前向安全的组证明协议。尽管 3 个协议的安全性依次增强，但是它们都易受到伪造攻击。下面以最简单的不支持匿名性的组证明协议为例进行分析。

（1）协议描述

协议以两个标签为例来说明组证明协议的执行，如图 4-1 所示。标签组标识符和组密钥分别为 ID_{AB} 和 k_{AB}。组内两个标签的标识符分别为 tag_A 和 tag_B，标签密钥分别为 k_A 和 k_B。每个标签存储组标识符、组密钥和标签密钥。此外，作为触发者的标签，还存储表示标签组状态的计数器 c。

下面描述具体的协议步骤。

首先，读写器广播随机数 r_{sys}，该随机数由验证者定期生成。在读写器工作范围内的标签收到广播信息后，发送其组标识符进行响应。收到组 ID_{AB} 中标签的响应消息后，读写器连接两个标签：$\{tag_A，tag_B\}$。

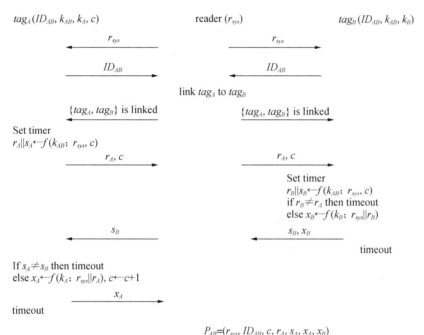

图4-1 Burmester 等的组证明协议

然后，由 tag_A 触发进入组证明生成阶段，该阶段执行如下。

①tag_A 计算 $r_A \| s_A = f(k_{AB}; r_{sys}, c)$，其中 f 为随机数生成函数。然后，发送 $\{r_A, c\}$ 给读写器。

②读写器存储并转发收到的消息 $\{r_A, c\}$ 给 tag_B。

③tag_B 计算 $r_B \| s_B = f(k_{AB}; r_{sys}, c)$，然后判断 $r_B = r_A$ 是否成立。如果等式不成立，则终止协议。否则，计算 $x_B = f(k_B; r_{sys} \| r_B)$，并发送 $\{s_B, x_B\}$ 给读写器。

④读写器存储 x_B 并转发 s_B 给 tag_A。

⑤tag_A 判断等式 $s_A = s_B$ 是否成立。如果等式不成立，则终止协议。否则计算 $x_A = f(k_A; r_{sys} \| r_A)$，并更新 $c \leftarrow c + 1$，然后发送 x_A 给读写器。

RFID安全协议分析与设计

⑥最后，读写器将收到的消息合并生成组证明 $P_{AB}=(r_{sys}, ID_{AB}, c, r_A, s_A, x_A, x_B)$。

（2）协议分析

在组证明协议中，组证明的安全性至关重要。然而，分析表明，Burmester 等的协议容易遭受伪造攻击，即敌手通过窃听标签与读写器之间的通信内容并将相关消息重放给同组任意其他标签 tag_C，便可以伪造 tag_A 或 tag_B 与 tag_C 同时存在的证据。敌手攻击过程如下。

首先，敌手将窃听得到的随机数 r_{sys} 重放给 tag_C，tag_C 将发送其组标识符进行响应。

然后，在组证明生成阶段，敌手将窃听得到的 $\{r_A, c\}$ 重放给 tag_C。随后，tag_C 计算 $r_C\|s_C=f(k_{AB}; r_{sys}, c)$，并判断 $r_C=r_A$ 是否成立。如果等式成立，计算 $x_C=f(k_C; r_{sys}\|r_C)$，并发送 $\{s_C, x_C\}$ 给敌手。

最后，敌手将窃听到的消息及从 tag_C 获得的消息合并生成组证明 $P_{AC}=(r_{sys}, ID_{AB}, c, r_A, s_A, x_A, x_C)$。

从上述 P_{AC} 的生成过程可以看出，由于 $(r_{sys}, ID_{AB}, c, r_A, s_A, x_A)$ 为敌手已窃听的由 tag_A 生成的消息，而 $x_C=f(k_C; r_{sys}\|r_C)$，其中 $r_C=r_A$，因此 P_{AC} 很容易成功地被验证者验证为 tag_A 与 tag_C 同时存在的证据。

4.2.2　Sun 等的组证明协议分析

Sun 等[95]提出了 2 个读取顺序无关的离线标签组证明协议。第一个组证明协议使用 MAC 函数，适合于低成本标签的应用场合。在第一个组证明协议的基础之上，使用对称加密算法，又提出了满足前向安全的组证明协议。尽管两个协议的安全性不同，但二者都有一些共性问题。下面对 Sun 等提出的安全性较高的第 2 个组证明协议进行分析。

（1）协议描述

假设读写器 R 扫描范围内存在 n 个标签 T_1，…，T_n。初始时，每个标签 $T_i(1 \leqslant i \leqslant n)$ 存储标识符 A_i 和密钥 k_i，读写器存储密钥 k_{reader}，后台服务器保存读写器和每个标签的信息。此外协议假设读写器天线的数量远大于标签的数量，且一个标签每次反馈的信息都来自同一个天线，所以协议在组证明生成过程中未标识标签信息。组证明的生成过程如图 4-2 所示。

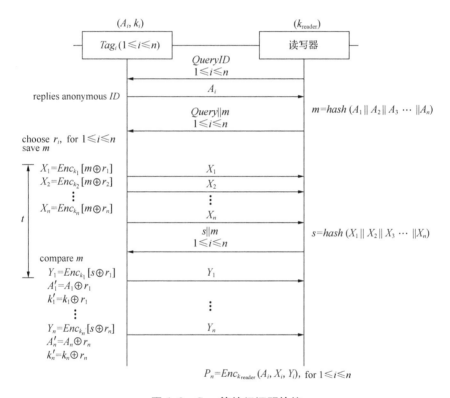

图 4-2　Sun 等的组证明协议

①读写器 R 发出命令 $QueryID$ 询问标签 T_i 的匿名身份信息。

②收到 $QueryID$ 命令的 T_i 陆续将其身份信息 A_i 反馈给 R。

③收到 n 个标签的身份信息后，R 计算 $m = hash(A_1 \parallel \cdots \parallel A_n)$，并广播消息 $Query \parallel m$ 给 T_i。

④标签 T_i 存储 m，生成随机数 r_i，并计算 $X_i = Enc_{k_i}[m \oplus r_i]$。然后，发送 X_i 给 R。

⑤收到所有的 X_i 后，R 计算 $s = hash(X_1 \| \cdots \| X_n)$，并广播消息 $s \| m$ 给 T_i。

⑥收到 $s \| m$ 后，T_i 首先验证收到的 m 与第④步存储的 m 值是否相同。如果相同，T_i 计算 $Y_i = Enc_{k_i}[s \oplus r_i]$，并将其匿名身份和密钥分别更新为：$A'_i = A_i \oplus r_i$ 和 $k'_i = k_i \oplus r_i$。随后，发送 Y_i 给 R。

⑦收到所有的 X_i 后，R 计算得到组证明 $P_n = \{Enc_{k_{reader}}(A_i, X_i, Y_i) \mid 1 \leqslant i \leqslant n\}$。

（2）协议分析

虽然通过使用对称密钥加密算法增强了协议的安全性，但是，Sun 等的协议仍然存在易被追踪和易遭受异步攻击等安全与隐私问题。

1）位置隐私问题

由于协议没有针对读写器的认证机制，任意读写器只要发出命令 $QueryID$，标签都会发送其匿名身份信息 A_i 给读写器。因此只要一段时间内标签的匿名身份信息没有发生变化，任意读写器便可以随时跟踪该标签。

2）异步攻击

任意敌手启动组证明协议便可使得标签内存储的信息和后台服务器中存储的相关标签信息不同步，从而导致后台服务器无法读取和识别标签。

假设目前标签 T_i 存储的标识符和密钥分别为 A_i 和 k_i。后台服务器同步保存上述信息。敌手攻击过程如下。

①敌手发出命令 $QueryID$ 询问标签 T_i 的匿名身份信息。

②收到 $QueryID$ 命令的 T_i 陆续将其身份信息 A_i 反馈给敌手。

③敌手计算 $m = hash(A_1 \| \cdots \| A_n)$，然后广播消息 $Query \| m$ 给 T_i。

④T_i 存储 m，生成随机数 r_i 并计算 $X_i = Enc_{k_i}[m \oplus r_i]$。随后，

发送 X_i 给敌手。

⑤收到所有的 X_i 后，敌手计算 $s = hash(X_1 \parallel \cdots \parallel X_n)$ 并广播消息 $s \parallel m$ 给 T_i。

⑥收到 $s \parallel m$，T_i 首先验证 m 与之前存储的 m 值是否相同。验证成功后，T_i 计算 $Y_i = Enc_{k_i}[s \oplus r_i]$，并将其匿名身份和密钥分别更新为：$A_i' = A_i \oplus r_i$ 和 $k_i' = k_i \oplus r_i$。随后，发送 Y_i 给敌手。

此后，当读写器 R 再次启动组证明协议时，假设在第④步 T_i 生成的随机数为 r_i'，那么最终后台服务器从 R 得到的组证明为 $(A_i', Enc_{k_i'}[m \oplus r_i'], Enc_{k_i'}[s \oplus r_i'])$，而后台服务器中保存的标签信息为 (A_i, k_i)。这使得后台服务器无法成功验证组证明，也无法继续识别和读取标签。

4.3 标签读取顺序无关的离线组证明协议

4.3.1 协议模型

本小节首先描述组证明协议的交互模型，然后给出组证明协议的安全和隐私保护需求。

4.3.1.1 交互模型

组证明协议涉及 3 类实体：标签、读写器和验证者。图 4-3 描述了 RFID 标签组证明协议的模型。

（1）标签

在大多数应用中，由于需要大批量使用标签，因此往往使用较为廉价的被动标签。这些低成本标签通常具有有限的存储容量和计算能力。在本方案中，标签被分为多个组，每个组都有其组标识符和组密钥。

（2）读写器

读写器通过为其工作范围内的标签提供能量来识别和读取标

图 4-3 RFID 标签组证明协议模型

签，它拥有有限的标签信息。只有被授权的读写器才能得到特定标签组内标签的响应消息，并产生这些标签的组证明。

（3）验证者

验证者可以是后台服务器，也可以是可信第三方。它具有强大的计算能力，并在其数据库中存储所有的标签和读写器的信息。此外，在本方案中，假设在计算组证明时，验证者处于离线状态。

一般地，假设读写器和标签之间的无线通信信道是不安全的，而读写器和验证者之间的通信通道是安全的。此外，还假设[96]：

①在读写器工作范围外转发信息是不允许的。

②读写器将严格按照协议步骤正确执行协议，但恶意的读写器可能将伪造的组证明提交给验证者。

4.3.1.2 安全性需求

在本方案中，敌手的目标是伪造一个可被验证者检验为有效的组证明，或者是获取标签或读写器的隐私信息，如它们的标识符、密钥或位置信息等。因此，一个安全的标签组证明协议需要满足以下安全和隐私保护需求。

①标签/读写器匿名性：任意敌手通过窃听标签与读写器之间的通信，都无法获得标签/读写器的真实身份标识符。

②标签/读写器位置隐私：通过获取并分析读写器和标签之间

传输的消息，敌手无法跟踪标签/读写器的位置。

③双向授权访问：标签只对验证者授权的读写器进行响应，而读写器只响应来自特定标签组的消息。

④抗主动攻击：由于读写器和标签之间的通信信道是不安全的，因此，需要一定的数据完整性验证机制来防止标签和读写器之间传输的消息被敌手篡改。

⑤抗重放攻击：通过重放先前窃听到的协议交互信息，敌手无法获得一个有效的组证明。这就要求保证每轮协议中的消息都具有唯一性。

⑥通用可组合安全性：一个可被证明为安全的组证明协议，无论是在与其他协议并发运行还是该协议作为任意协议的子协议运行，该协议仍能保持安全。

4.3.2　协议描述

本小节提出一个读取顺序无关的轻量级离线组证明协议，该协议满足4.2.1提出的安全和隐私性需求。表4-1给出协议中使用的符号定义。

表4-1　符号定义

符号	描述
s_1, s_2, s_3	分别用于计算 ID_T, ID_G, ID_R 的密钥，仅验证者拥有
TID, ID_T	标签标识符及计算值 $h(TID, s_1)$
GID, ID_G	标签组标识符及计算值 $h(GID, s_2)$
RID, ID_R	读写器标识符及计算值 $h(RID, s_3)$
K_i	标签 $T_i (1 \leq i \leq n)$ 的密钥
K_G	标签组的共享密钥
$PRNG()$	128 位伪随机数生成器

本协议主要由3个阶段组成：初始化阶段、组证明产生阶段和验证阶段。下面具体描述协议的执行过程。

4.3.2.1 初始化阶段

令 $G = \{T_1, T_2, \cdots, T_n\}$ 为一个含 n 个标签的标签组,其盲化的身份标识符为 ID_G,密钥为 K_G。G 中每个标签 T_i 盲化的身份标识符为 ID_T,密钥为 K_i。读写器 R 盲化的身份标识符为 ID_R。验证者首先生成随机数 r_V,计算 $M_V = PRNG(ID_R \oplus ID_G \oplus K_G \oplus r_V)$。然后,存储 $\{r_V, ID_R, ID_G\}$,并安全地将授权消息 $\{r_V, M_V, ID_G\}$ 发送给 R。

经过以上初始化,R 存储 $\{ID_R, r_V, M_V, ID_G\}$。标签组 G 中的每个标签 T_i 存储 $\{K_i, ID_G, K_G\}$。验证者存储以上描述的所有信息。

4.3.2.2 组证明产生阶段

一旦收到来自验证者的授权消息,R 即可在无验证者参与的情况下扫描标签组 G 并产生相关组证明。令 $m(2 \leqslant m \leqslant n)$ 为某一时刻同时被扫描的标签数,具体协议描述如图4-4所示。

(1)步骤1:$R \rightarrow T_i$

首先,R 生成随机数 r 并计算 $M_1 = ID_R \oplus ID_G \oplus r$,$M_2 = PRNG(r \oplus M_V)$。然后,将消息 $<r, r_V, M_1, M_2>$ 广播给其工作范围内的标签。

(2)步骤2:$T_i \rightarrow R$

①收到 R 广播的消息,T_i 首先计算 $ID'_R = M_1 \oplus ID_G \oplus r$,然后验证等式 $M_2 = PRNG(r \oplus PRNG(ID'_R \oplus ID_G \oplus K_G \oplus r_V))$ 是否成立。如果等式成立,则证实了消息是由验证者授权的读写器发出的,同时也验证了消息的完整性。否则,T_i 不响应消息,协议终止。

②T_i 生成随机数 r_i 并计算 $X_i = PRNG(r_i \oplus K_i \oplus r_V)$,$MA_i = PRNG(r \oplus PRNG(r_i \oplus ID_G) \oplus X_i)$。然后,发送消息 $<r_i, X_i, MA_i>$ 给 R。

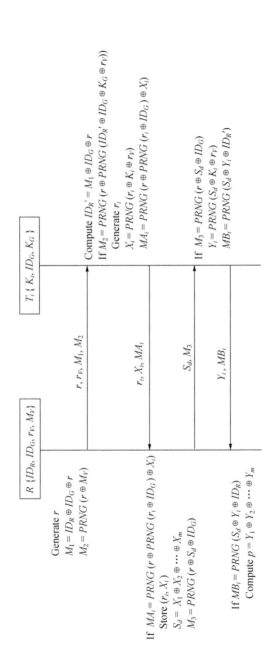

图 4-4 组证明协议 Π_{GP}

（3）步骤3：$R \rightarrow T_i$

相继收到来自 T_i 的响应消息后，R 执行如下操作。

①对收到的每一组响应消息 $< r_i, X_i, MA_i >$，R 验证等式 $MA_i = PRNG(r \oplus PRNG(r_i \oplus ID_G) \oplus X_i)$ 是否成立。如果等式成立，则存储 (r_i, X_i)。同时，响应消息的完整性得到了验证。如果等式不成立，则忽略该消息。

②然后，R 计算 $S_d = X_1 \oplus X_2 \oplus \cdots \oplus X_m$，$M_3 = PRNG(r \oplus S_d \oplus ID_G)$，并广播消息 $< S_d, M_3 >$ 给标签 T_i。

（4）步骤4：$T_i \rightarrow R$

一旦收到消息 $< S_d, M_3 >$，T_i 验证等式 $M_3 = PRNG(r \oplus S_d \oplus ID_G)$ 是否成立。如果等式不成立，则协议终止。否则，T_i 计算 $Y_i = PRNG(S_d \oplus K_i \oplus r_V)$，$MB_i = PRNG(S_d \oplus Y_i \oplus ID'_R)$。然后，发送 $< Y_i, MB_i >$ 给 R。

（5）步骤5：R

相继收到来自 T_i 的响应消息后，R 执行如下操作。

①对收到的每一组消息 $< Y_i, MB_i >$，R 验证等式 $MB_i = PRNG(S_d \oplus Y_i \oplus ID_R)$ 是否成立。如果等式不成立，则忽略该消息。

②R 计算 $p = Y_1 \oplus Y_2 \oplus \cdots \oplus Y_m$，并将 $< r_V, r, (r_i, X_i), p >$ 安全地发送给验证者，p 即为标签组 G 同时存在的证据。

4.3.2.3 验证阶段

一旦收到来自 R 的组证明，验证者执行如下操作。

①验证者首先在其数据库中查找是否存在含消息对 $\{r_V, ID_R\}$ 的记录，如果找到对应的记录 $\{r_V, ID_R, ID_G\}$，则表示 R 是合法的、被授权访问 G 的读写器，验证继续。否则，验证终止。

②对每个消息对 (r_i, X_i)，验证者在标签组 G 中查找密钥为 K_i 且 K_i 满足等式 $X_i = PRNG(r_i \oplus K_i)$ 的标签信息。如果找到满足等式的 K_i，则验证者存储 (r_i, X_i, K_i)。否则，表示该组证明非法，验证终止。

③验证者计算 $S'_d = X_1 \oplus X_2 \oplus \cdots \oplus X_m$。然后，对每个标签，验证

者计算 $Y'_i = PRNG(S'_d \oplus K_i \oplus r_V)$。

④最后,验证者验证等式 $p = Y'_1 \oplus Y'_2 \oplus \cdots \oplus Y'_m$ 是否成立,其中 p 为来自 R 的组证明。如果验证成功,则表示组证明是合法的。否则, p 为无效组证明。

4.3.3　安全性分析

本小节证明新协议满足 RFID 标签组证明任务的安全性需求。首先提出标签组证明理想函数 F_{GP},然后证明协议 π_{GP} 安全地实现了理想函数 F_{GP}。

4.3.3.1　理想函数 F_{GP}

F_{GP} 的执行涉及的参与方有 R, T_1, $\cdots$, T_n 和敌手 S。令 $m(2 \leqslant m \leqslant n)$ 为同时被扫描的一组标签的标签数。F_{GP} 在内存中存储授权列表 $(R, ID_G, T_1, T_2, \cdots, T_n)$。

①一旦收到来自 R 的消息 $(\text{Scan}, sid, R, ID_G)$,发送 $(sid, \text{Type}(R), |ID_G|)$ 给 S,其中 $\text{Type}(R)$ 表示参与方 R 的类型, $|ID_G|$ 表示 ID_G 的长度。然后,验证授权列表中是否存在消息 (R, ID_G)。如果存在,则记录 $(sid, R, active)$,并忽略此后所有的 $(\text{Scan}, sid, R, ID_G)$ 指令。否则,发送错误消息给 R 并终止执行。

②一旦收到来自 T_i 的消息 $(\text{Scanned}, sid, T_i, ID_G)$,发送 $(sid, \text{Type}(T_i), |ID_G|)$ 给 S。然后,验证授权列表中是否存在消息 (ID_G, T_i)。如果存在,则记录 $(sid, T_i, active)$。否则,发送错误消息给 T_i 并忽略本指令。

③一旦收到来自 R 的消息 $(\text{ReqProof}, sid, R)$,发送 $(sid, \text{Type}(R))$ 给 S。然后,验证是否存在记录集 $\{(sid, R, active), (sid, T_1, active), (sid, T_2, active), \cdots, (sid, T_m, active)\}$。如果存在,则存储认证列表 $(sid, R, T_1, T_2, \cdots, T_m)$,并删除上述记录集。否则,发送错误消息给 R 并终止执行。

④一旦收到来自 T_i 的消息（RespProof, sid, T_i），发送（sid, $Type(T_i)$）给 S。一旦收到来自 S 的消息（sid, k_i'），验证认证列表中是否存在记录（sid, R, T_i）。如果记录不存在，则发送错误消息给 T_i 并忽略本指令。否则，记录（sid, T_i, p_i），其中 p_i 的取值如下：如果 T_i 此刻被攻陷，则令 $p_i = k_i'$；否则选择随机数 k_i，并令 $p_i = k_i$。

⑤一旦收到来自 R 的消息（GenProof, sid, R, ID_G），验证认证列表（sid, R, T_1, T_2, …, T_m）中的每个 T_i 是否都存在相应的记录（sid, T_i, p_i）。如果所有的 T_i 都找到了对应的记录，则令 $p = p_1 \oplus p_2 \oplus \cdots \oplus p_m$，并记录（$sid$, R, (T_1, p_1), (T_2, p_2), …, (T_m, p_m), p）；然后，发送（Output, sid, R, p）给 R。否则，发送（Output, sid, fail）给 R。

从以上描述可以看出，通过一系列指令，F_{GP} 实现了 4.3.1.2 描述的安全性需求。

（1）标签/读写器匿名性

F_{GP} 仅传送标签/读写器的类型值（如 Type(R) 或 Type(T_i)）给 S，而不泄露标签/读写器的真实标识符，这保证了标签/读写器的匿名性。

（2）标签/读写器位置隐私

S 只能获得标签/读写器的类型值或组标识符 ID_G 的长度。即使 S 从多个会话中获取这些消息，也无法从这些消息中区分出某一个特定的标签/读写器。因此，S 无法跟踪标签/读写器的位置。

（3）双向授权访问

一旦收到来自标签或读写器的指令，F_{GP} 首先验证该参与方是否在授权列表中，只有验证成功，F_{GP} 才继续执行，这样避免了非授权标签或读写器参与协议。

（4）抗主动攻击

由于 S 只能获得标签/读写器的类型值或组标识符 ID_G 的长度，因此通过篡改传输过程中的消息，S 无法影响到组证明的产生。

（5）抗重放攻击

在每一轮的协议过程中，每个部分组证明（T_i，p_i）中的p_i都是F_{GP}选取的随机数。因此，通过重放攻击，S无法获得一个有效的组证明。

4.3.3.2　UC 安全性证明

定理 4.1　协议π_{GP}安全地实现了理想函数F_{GP}。

证明：令A为与运行协议π_{GP}的各参与方交互的现实敌手。我们需要构建理想过程敌手S，并使环境机Z无法区分它是在与现实敌手A和运行协议π_{GP}的各参与方交互还是在与理想过程中的S和F交互，从而证明定理。

（1）构建理想过程敌手S

S模拟现实敌手A和各参与方的执行，环境机Z和A之间传输的所有消息均被S转发。具体地，S运行如下。

①一旦收到来自F_{GP}的消息（sid，Type(R），｜ID_G｜），S将来自R的消息（r，r_V，M_1，M_2）传送给A。其中，r是S选取的随机数，$M_1 = ID_R \oplus ID_G \oplus r$，$M_2 = PRNG(r \oplus M_V)$。

②当A传送消息（r'，r'_v，M'_1，M'_2）给T_i后，S首先验证在理想过程中已收到F_{GP}传送的消息（sid，Type(T_i），｜ID_G｜）。然后，计算$ID''_R = M'_1 \oplus ID_G \oplus r'$并验证等式$M'_2 = PRNG(r' \oplus PRNG(ID_R'' \oplus ID_G \oplus K_G \oplus r'_V))$是否成立。如果验证成功，$S$将来自$T_i$的消息（$r_i$，$X_i$，$MA_i$）传送给$A$。其中，$r_i$是$S$选取的随机数，$X_i = PRNG(r_i \oplus K_i \oplus r')$，$MA_i = PRNG(r' \oplus PRNG(r_i \oplus ID_G) \oplus X_i)$。

③当A传送消息（r'_i，X'_i，MA'_i）给R后，S首先验证在理想过程中已收到F_{GP}传送的消息（sid，Type(R））。然后，S验证等式$MA'_i = PRNG(r \oplus PRNG(r'_i \oplus ID_G) \oplus X'_i)$是否成立。如果验证成功，$S$将来自$R$的消息（$S_d$，$M_3$）传送给$A$，其中$S_d = X'_1 \oplus X'_2 \oplus \cdots \oplus X'_m$，$M_3 = PRNG(r \oplus S_d \oplus ID_G)$。

④当A传送消息（S'_d，M'_3）给T_i后，S首先验证在理想过程

中是否收到 F_{GP} 传送的消息（sid，$\text{Type}(T_i)$）。然后，S 验证等式 $M'_3 = PRNG(r' \oplus S'_d \oplus ID_G)$ 是否成立。如果验证成功，S 将来自 T_i 的消息（Y_i，MB_i）传送给 A，其中 $Y_i = PRNG(S'_d \oplus K_i \oplus r'_V)$，$MB_i = PRNG(S'_d \oplus Y_i \oplus ID_R'')$。此外，在理想过程中，$S$ 传送（sid，k'_i）给 F_{GP}，其中 $k'_i = Y_i$。

⑤当 A 传送消息（Y'_i，MB'_i）给 R，S 首先验证在理想过程中是否收到 F_{GP} 传送的消息（sid，$\text{Type}(R)$）。然后，S 验证等式 $MB'_i = PRNG(S_d \oplus Y'_i \oplus ID_R)$ 是否成立。如果验证成功，R 输出消息（Output，sid，R，p），其中 $p = Y'_1 \oplus Y'_2 \oplus \cdots \oplus Y'_m$，此次会话结束。

⑥模拟参与方被攻破：一旦 A 攻破了某参与方 T_i，在理想过程中 S 也攻破了同一个参与方并获得了该参与方的内部状态。

（2）证明 S 的有效性

为了验证 S 的有效性，需要证明对任意环境机 Z 无法区分它是在与现实敌手 A 和运行协议 π_{GP} 的各参与方交互还是在与理想过程中的 S 和 F_{GP} 交互，即：

$$REAL_{\pi_{GP},A,Z} \approx IDEAL_{F_{GP},S,Z} \tag{4-1}$$

首先，定义事件 FC 和 PC。

1）事件 FC

在现实交互中，事件 FC 表示在标签集合 $\{T_1, T_2, \cdots, T_m\}$ 中的任一标签生成给 R 的部分组证明前，敌手 A 攻破了该标签。在理想过程中，事件 FC 表示在 S 发送消息（sid，k'_i）给 F_{GP} 前，S 内模拟的 A 攻破了所有参与方 $\{T_1, T_2, \cdots, T_m\}$。

2）事件 PC

在现实交互中，事件 PC 表示标签集合 $\{T_1, T_2, \cdots, T_m\}$ 中的任意子集中的某个标签在生成给 R 的部分组证明前，敌手 A 攻破了该标签。在理想过程中，事件 PC 表示在 S 发送消息（sid，k'_i）给 F_{GP} 前，S 内模拟的 A 攻破了标签集合 $\{T_1, T_2, \cdots, T_m\}$ 中的部分参与方。

其次，我们分别在事件 FC 发生、无攻破发生和事件 PC 发生 3 种情况下证明式（4-1）成立。

引理 4.1 在事件 FC 发生的情况下，存在 $REAL_{\pi_{GP},A,Z} \approx IDEAL_{F_{GP},S,Z}$。

证明： 当事件 FC 发生时，在理想过程中，对集合 $\{T_1, T_2, \cdots, T_m\}$ 中的每个标签 T_i，S 在发送消息（sid，k_i'）给 F_{GP} 前攻破了该标签。在这种情况下，对集合 $\{T_1, T_2, \cdots, T_m\}$ 中的每个标签，F_{GP} 在内存中记录（sid，T_i，k_i'），其中 $k_i' = Y_i$。最终，F_{GP} 输出消息（Output，sid，R，p），其中 $p = Y_1 \oplus Y_2 \oplus \cdots \oplus Y_m$，这与现实交互中的输出 $p = Y_1 \oplus Y_2 \oplus \cdots \oplus Y_m$ 完全相同，S 完美地模拟了现实敌手 A 和各参与方的执行。因此，Z 无法区分它是在与现实敌手 A 和运行协议 π_{GP} 的各参与方交互还是与理想过程中的 S 和 F_{GP} 交互。

引理 4.2 在无攻破情况发生的情况下，假设 $PRNG()$ 是一个安全的伪随机数生成函数，存在 $REAL_{\pi_{GP},A,Z} \approx IDEAL_{F_{GP},S,Z}$。

证明： 假设存在环境机 Z 和敌手 A 使得 Z 可以以不可忽略的概率区分交互 $REAL_{\pi_{GP},A,Z}$ 和交互 $IDEAL_{F_{GP},S,Z}$。我们构建敌手 D 并假设 D 违反了 $PRNG()$ 是一个安全的伪随机数生成函数这一假设，即 D 访问一个随机函数 f 并可以以不可忽略的概率区分 $f() = PRNG()$ 和 f 为在一定取值范围下的随机数生成函数这两种情况。

敌手 D 模拟 A 和运行 π_{GP} 的各参与方的交互。唯一不同的是 T_i 需要计算 X_i 时，D 令 $X_i = f(r_i \oplus K_i \oplus r_V)$。相应地，当 T_i 需要生成部分组证明 Y_i 时，D 令 $Y_i = f(S_d \oplus K_i \oplus r_V)$。如果 Z 在任一 T_i 生成部分组证明前攻破了 T_i，那么 D 终止执行并输出一个随机比特值。否则，D 输出 Z 的输出值。

①当 $f() = PRNG()$ 时，假设 D 不终止，那么模拟的 Z 无法区分它与 $REAL_{\pi_{GP},A,Z}$ 的交互。这是因为两个交互的输出是相同的，均为：

$$p = Y'_1 \oplus Y'_2 \oplus \cdots \oplus Y'_m$$

$$= Y_1 \oplus Y_2 \oplus \cdots \oplus Y_m$$

$$= f(S_d \oplus K_1 \oplus r_V) \oplus \cdots \oplus f(S_d \oplus K_m \oplus r_V)$$

$$= PRNG(PRNG(r_1 \oplus K_1 \oplus r_V) \oplus \cdots \oplus PRNG(r_m \oplus K_m \oplus r_V) \oplus$$

$$K_1 \oplus r_V) \oplus \cdots \oplus PRNG(PRNG(r_1 \oplus K_1 \oplus r_V) \oplus \cdots \oplus$$

$$PRNG(r_m \oplus K_m \oplus r_V) \oplus K_m \oplus r_V)_\circ$$

②当 f 为随机数生成函数时，假设 D 不终止，那么模拟的 Z 无法区分它与 $IDEAL_{F_{GP},S,Z}$ 的交互。这是因为两个交互的输出都是一个随机数。

由①和②可知，D 无法以不可忽略的概率区分 $f()=PRNG()$ 和 f 为随机数生成函数这两种情况。然而，$PRNG()$ 是一个安全的随机数生成函数，因此假设存在环境机 Z 和敌手 A 使得 Z 可以以不可忽略的概率区分交互 $REAL_{\pi_{GP},A,Z}$ 与交互 $IDEAL_{F_{GP},S,Z}$ 不成立，故引理得证。

引理4.3 在事件 PC 发生的情况下，假设 $PRNG()$ 是一个安全的伪随机数生成函数，存在 $REAL_{\pi_{GP},A,Z} \approx IDEAL_{F_{GP},S,Z}$。

证明： 令 G_c 为集合 $G_m = \{T_1, T_2, \cdots, T_m\}$ 的一个子集。假设 G_c 中的标签被 A 攻破，而子集 G_m-G_c 中的标签未被 A 攻破。根据引理4.1，Z 无法区分它是在与现实敌手 A 和运行协议 π_{GP} 的 G_c 交互还是与理想过程中的 S 和 F_{GP} 交互。根据引理4.2，Z 无法区分它是在与现实敌手 A 和运行协议 π_{GP} 的 G_m-G_c 交互还是与理想过程中的 S 和 F_{GP} 交互。由于我们提出的协议是读取顺序无关的，因此可以得到 $REAL_{\pi_{GP},A,Z} \approx IDEAL_{F_{GP},S,Z}$。

4.3.4 安全性与性能比较

本小节将我们提出的协议与已有的组证明协议进行比较。其中，文献［88］指 Burmester 等提出的满足匿名性的组证明协议；文献［92］指 Liu 等提出的多标签单读写器组证明方案。

4.3.4.1 安全性比较

表4-2给出了相关协议的安全性比较,从表中可以看出,大部分已有的组证明协议均满足匿名性要求,但其中一些协议并不能抵抗追踪攻击。而且,大部分协议并没有实现双向授权访问,因而无法避免因未经授权的读写器或标签参与协议而导致的非法组证明的产生。此外,已有组证明协议都不能抵抗主动攻击。

表4-2　相关协议的安全性比较

方案	匿名性	不可追踪性	双向授权访问	抗主动攻击	抗重放攻击
文献 [94]	×	×	×	×	√
文献 [88]	√	√	×	×	×
文献 [89]	√	√	×	×	√
文献 [92]	√	×	√	×	×
文献 [97]	√	×	×	×	√
文献 [93]	√	√	√	×	√
本协议	√	√	√	√	√

本章提出的协议满足4.3.1.2提出的组证明协议的安全和隐私需求。协议中,通过分析从无线传输中截获的信息,敌手无法获得标签或读写器的身份信息。同时,每次会话中,标签传输的消息 X_i、MA_i 和 MB_i 的值都不相同。因此,即使获得这些消息,敌手也无法追踪某个特定标签。一旦收到来自一个标签的消息,读写器首先验证该标签是否属于组 ID_G。相应地,一旦收到来自读写器的消息,标签首先验证该读写器是否已被验证者授权。这样就保证了双向授权访问。此外,协议中每个参与方对传入的消息首先验证其完整性,从而防止了主动攻击。最后,本章4.3.3节在 UC 框架下证明了协议的安全性,这意味着协议具有通用可组合安全性。

4.3.4.2 性能比较

表4-3给出了相关协议的性能比较。其中，P_r 指 $PRNG()$ 函数，P_b 指位操作，P_{mac} 指 MAC 函数，P_h 指 Hash 函数，P_{mul} 指乘法操作。此外，N 表示同时被扫描的标签总数；x 表示文献［93］提出的协议执行轮数；X 表示被授权可访问某一标签的读写器的个数；l 表示随机数或 ID 值的安全长度。

表4–3　相关协议的性能比较

方案	协议交互次数	标签存储量	标签计算量	读写器存储量	组证明长度
文献[94]	$3N+1$	2	P_{mac}	2	$(2N+3)l$
文献[88]	$2N+2$	4	$3P_h$	1	$(2N+1)l$
文献[89]	$2N+2$	4	$9P_b+9P_r$	$N+1$	$(2N+2)l$
文献[92]	$3N+3$	$4+X$	$19P_b+P_r$	$N+1$	$(N+2)l$
文献[97]	$N+1$	5	$27P_{mul}+5P_b$	14	$(2N+2)l$
文献[93]	$2N$	$6+3X$	$31\,P_b+12\,P_r$	$2(xN+N+x+1)$	$(7N+2)l$
本协议	$2N+2$	3	$17\,P_b+8\,P_r$	4	$(2N+3)l$

由表4-3可以看出，本协议中，无论是在标签端还是读写器端，其存储量和计算量都相对较小。而且，本协议生成的组证明的长度也比较小，这使得协议能适用于移动环境。

4.4 一个标签顺序读取组证明协议的分析与改进

自从联合证明这个概念提出以来，学者们已经相继提出了多个组证明协议。但是，这些协议要么易遭受某种攻击，要么由于需要使用复杂的加密算法而不符合 EPC C1G2 标准。Sundaresan 等[93] 总结了组证明协议的设计需求和安全属性，提出了一个遵循 EPC C1G2 标准的组证明协议。随后，他们宣称该方案满足了组证明协议的所有安全性需求，包括标签/读写器匿名性、标签/读写器位置隐私、前向安全性、抗异步攻击、抗主动攻击、抗重放攻击、抗拒绝服务攻击等。

然而，经过分析，我们发现他们的协议存在一些安全性问题，包括无法抵抗主动攻击和异步攻击。本节首先对 Sundaresan 等的协议进行了安全性分析，然后提出了一个改进协议。改进后的协议在保持原有协议性能的基础上，安全性有了大大的提高。

4.4.1 Sundaresan 等的协议的安全性需求

①标签/读写器匿名性：协议需要保护标签和读写器的真实身份信息，以防敌手克隆标签或读写器。

②标签/读写器位置隐私：协议需要确保传输中的消息是随机的，以防敌手追踪标签或读写器的位置。

③前向安全性：协议保证即使标签当前的内部秘密被破解，标签之前的通信仍然无法被敌手获取。这就需要之前通信的消息与标签现存的数据无关。

④抗重放攻击：敌手通过重放之前协议会话中收到的消息无法得到合法的组证明，这就要求每轮协议中传输的消息都是唯一的。

⑤抗拒绝服务攻击：敌手选择性地中断消息传输后，协议仍能恢复正确执行。更为重要的是，敌手中断消息传输不会导致标签和服务器之间共享的秘密的异步。

⑥抗主动攻击：协议中的每个实体都要验证收到消息的完整性，以防传输的消息被敌手破坏。

4.4.2 Sundaresan 等的协议的漏洞分析

下面首先简要描述 Sundaresan 等提出的组证明协议，然后分析该协议存在的漏洞。

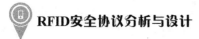

4.4.2.1 Sundaresan 等的协议描述

Sundaresan 等提出的组证明协议包含 3 个阶段：初始化阶段、组证明收集阶段及组证明验证阶段。表4-4 给出了协议中使用符号的定义。

表4-4 符号定义

符号	描述
S_1，S_2，S_3	验证者使用的秘密值，分别用于计算 G_{id}，T_{id}，R_{id}
$TGID$，G_{id}	标签组身份标识符及预计算值 $h(TGID，S_1)$
TID，T_{id}	标签身份标识符及预计算值 $h(TID，S_2)$
RID，R_{id}	读写器身份标识符及预计算值 $h(RID，S_3)$
RV_s	读写器和验证者共享的密钥
TG_s	一组标签共享的密钥
T_s	标签密钥
VT_s	标签和验证者共享的密钥
VT'_s	VT_s 的前一个值
RT_s	读写器和标签共享的密钥
RT^n_s	RT_s 的后一个值
TS_r	验证者为每轮协议定义的时间戳
TS_v	TS_r 的加密值
Δ_{TS}	一轮组证明协议执行的最长时间
$E_{k_{tw}}(CTS)$	使用验证者和可信时间服务器共享的密钥 k_{tw} 加密当前时间 CTS
TS_c	存储 $E_{k_{tw}}(CTS)$ 值的变量

（1）初始化阶段

标签和读写器分别初始化其身份信息、各自所需的密钥及和其他参与方共享的密钥。令 m 为标签组的标签数，n 为预先授权给读写器的可执行协议的轮数。验证者预先计算执行 n 轮协议所需的值，如图 4-5 所示。

```
For j=1 to m
        Initialize VT_{s_{ij}} ← PRNG (), where i=1.
Next j
For i=1 to n
    Generate future timestamp  TS_{r_i}
    V_{r_i} ← PRNG ()
    For j=1 to m
        V1_{ij} = T_{id_j} ⊕ T_{s_j} ⊕ PRNG(VT_{s_{ij}} ⊕ V_{r_i})
        μ_{ij} = T_{id_j} ⊕ VT_{s_{ij}} ⊕ V_{r_i}
        TS_{v_i} = PRNG(T_{id_j} ⊕ VT_{s_{ij}}) ⊕ V_{r_i} ⊕ TS_{r_i} . This is done
        only for the first tag.
        VT_{s_{(i+1)j}} = PRNG (VT_{s_{ij}})
    Next j
    V2_i = G_{id} ⊕ PRNG(TG_s ⊕ V_{r_i})
Next i
```

图 4-5　验证者的初始化操作

所有的初始化操作都完成后，每个标签中存储 $\{G_{id}$，TG_s，T_{id_j}，T_{s_j}，VT_{s_j}，$VT'_{s_j}\}$（$1 \leqslant j \leqslant m$），其中初始时 $VT_{s_j} = VT'_{s_j}$。此外，标签中还存储被验证者授权的可访问该标签的每个读写器的信息 $\{R_{id}$，RT_{s_j}，$R_{r_j}^{-1}\}$，其中 $R_{r_j}^{-1}$ 存储读写器上一轮发送的随机数。读写器存储 $\{R_{id}$，$RV_s\}$，并为每轮协议存储消息 $\{G_{id}$，TS_{r_i}，TS_{v_i}，$V1_{i(1..m)}$，$V2$，$\mu_{i(1..m)}$，$RT_{s_{i(1..m)}}$，$RT''_{s_{i(1..m)}}\}$（$1 \leqslant i \leqslant n$）。执行完 n 轮协议后，读写器需要向验证者重新申请授权信息以继续访问标签组。验证者存储所有的标签和读写器的身份信息与秘密，以及图4-5中所有的预计算值。

（2）组证明收集阶段

由于同时描述 n 轮执行会使协议中的下标比较复杂，因此，我们仅描述一轮协议的执行。在下面的描述中，我们省略表示轮数的下标 i。当读写器中存储的变量值 TS_r 为真时，协议开始执行。

步骤 1：

①读写器选取随机数 R_{r_1} 并计算 $\delta1_1 = PRNG(R_{id} \oplus RT_{s_1}) \oplus R_{r_1}$，$\delta2_1 = PRNG(R_{id} \oplus RT_{s_1}^m) \oplus R_{r_1}$。然后，使用 R_{r_1} 随机化预计算值 $V1_1$，$V2$，μ_1，TS_v：$V1_1 = V1_1 \oplus R_{r_1}$，$V2 = V2 \oplus R_{r_1}$，$\mu_1 = \mu_1 \oplus R_{r_1}$，$TS_v = TS_v \oplus R_{r_1}$。

②读写器从 TTS 获得当前时间戳 TS_{c_1}，计算 $R1 = R_{id} \oplus PRNG(TS_v \oplus TS_{c_1} \oplus R_{r_1})$，并发送 $V1_1$，$V2$，μ_1，$R1$，$\delta1_1$，$\delta2_1$，TS_v 和 TS_{c_1} 给标签 1。

步骤 2：

①使用 $\delta1_1$，标签 1 计算 $PRNG(R_{id} \oplus RT_{s_1}) \oplus \delta1_1$ 得到 R_{r_1}，然后验证等式 $R_{id} = R1 \oplus PRNG(TS_v \oplus TS_{c_1} \oplus R_{r_1})$ 是否成立。如果验证不成功，使用 $\delta2_1$ 和 $RT_{s_1}^m$ 重新进行上述计算和验证，其中 $RT_{s_1}^m = PRNG(RT_{s_1})$。如果两次验证均不成功，则协议终止。如果其中一次验证成功，则协议继续执行。随后，标签 1 验证等式 $R_{r_1} = R_{r_1}^{-1}$ 是否成立。如果成立，则协议终止。否则，标签更新 $R_{r_1}^{-1}$ 的值为 R_{r_1}。同时，对收到的消息 $V1_1$，$V2$，μ_1，TS_v，计算：$V1_1 \oplus R_{r_1} \rightarrow V1_1$，$V2 \oplus R_{r_1} \rightarrow V2$，$\mu_1 \oplus R_{r_1} \rightarrow \mu_1$，$TS_v \oplus R_{r_1} \rightarrow TS_v$。

②标签 1 首先计算 $V_r = T_{id_1} \oplus VT_{s_1} \oplus \mu_1$，然后验证 $G_{id} = V2 \oplus PRNG(TG_s \oplus V_r)$ 和 $T_{id_1} = V1_1 \oplus T_{s_1} \oplus PRNG(VT_{s_1} \oplus V_r)$ 是否成立。如果验证失败，标签使用 VT_{s_1}' 重新进行上述计算和验证。如果两次验证均不成功，则协议终止。接着，标签 1 计算 $TS_r = PRNG(T_{id_1} \oplus VT_s) \oplus V_r \oplus TS_v$，其中 VT_s 为上述验证成功的 VT_{s_1} 或 VT_{s_1}'。

③标签 1 生成随机数 $T1_r$，然后计算 $M1 = PRNG(T_{id_1} \oplus T_{s_1} \oplus VT_s \oplus RT_s) \oplus PRNG(TS_r \oplus TS_{c_1} \oplus T1_r)$，$\beta1 = T1_r \oplus PRNG(T_{id_1} \oplus VT_s \oplus RT_s)$，$Y1 = G_{id} \oplus PRNG(TG_s \oplus V_r) \oplus PRNG(RT_s \oplus R_{r_1})$，$R_{c_1} = R_{id} \oplus PRNG(M1 \oplus \beta1 \oplus Y1 \oplus RT_s \oplus R_{r_1})$，其中 RT_s 为①中验证成功的 RT_{s_1} 或 $RT_{s_1}^m$，VT_s 为②中验证成功的 VT_{s_1} 或 VT_{s_1}'。

④如果②中使用 VT_{s_1} 成功验证了 T_{id_1}，那么标签分别更新 VT_{s_1}' 和

VT_{s_1} 为：$VT_{s_1}' \leftarrow VT_{s_1}$ 和 $VT_{s_1} \leftarrow PRNG(VT_{s_1})$。如果①中使用 $\delta1_1$ 成功验证了 R_{id}，那么标签更新 RT_{s_1} 为：$RT_{s_1} \leftarrow PRNG(RT_{s_1})$。否则，不进行上述更新操作。最后，标签 1 传送 $M1$，$\beta1$，$Y1$，R_{c_1} 给读写器。

步骤 3：

①读写器验证等式 $R_{id} = R_{c_1} \oplus PRNG(M1 \oplus \beta1 \oplus Y1 \oplus RT_{s_1} \oplus R_{r_1})$ 是否成立。如果验证失败，标签使用 $RT_{s_1}^n$ 重新进行上述计算和验证。如果两次验证均不成功，则协议终止。

②读写器计算 $Y1 = Y1 \oplus PRNG(RT_s \oplus R_{r_1})$，其中 RT_s 为①中验证成功的 RT_{s_1} 或 $RT_{s_1}^n$。随后，读写器分别更新 RT_{s_1} 和 $RT_{s_1}^n$ 的值为：$RT_{s_1} \leftarrow RT_{s_1}^n$ 和 $RT_{s_1}^n \leftarrow PRNG(RT_{s_1}^n)$。

③读写器为标签 2 选取随机数 R_{r_2}，然后，计算 $\delta1_2 = PRNG(R_{id} \oplus RT_{s_2}) \oplus R_{r_2}$，$\delta2_2 = PRNG(R_{id} \oplus RT_{s_2}^n) \oplus R_{r_2}$，$V1_2 = V1_2 \oplus R_{r_2}$，$\mu_2 = \mu_2 \oplus R_{r_2}$。

④读写器从 TTS 获得 TS_{c_2}，并计算 $R2 = R_{id} \oplus PRNG(M1 \oplus TS_{c_2} \oplus R_{r_2})$。随后，发送 $V1_2, \mu_2, M1, Y1, R2, \delta1_2, \delta2_2$ 和 TS_{c_2} 给标签 2。

步骤 4：

①利用收到的 $\delta1_2$，标签 2 计算 $R_{r_2} = PRNG(R_{id} \oplus RT_{s_2}) \oplus \delta1_2$ 并验证等式 $R_{id} = R2 \oplus PRNG(M1 \oplus TS_{c_2} \oplus R_{r_2})$ 是否成立。如果验证不成功，使用 $\delta2_2$ 重新进行上述计算和验证。如果两次验证均不成功，则协议终止。如果其中一次验证成功，则协议继续执行。随后，标签 2 验证等式 $R_{r_2} = R_{r_2}^{-1}$ 是否成立。如果成立，则协议终止。否则，标签更新 $R_{r_2}^{-1}$ 的值为 R_{r_2}。同时，对收到的消息 $V1_2$ 和 μ_2，计算：$V1_2 \oplus R_{r_2} \rightarrow V1_2, \mu_2 \oplus R_{r_2} \rightarrow \mu_2$。

②标签 2 计算 $V_r = T_{id_2} \oplus VT_{s_2} \oplus \mu_2$，并验证等式 $G_{id} = Y1 \oplus PRNG(TG_s \oplus V_r)$ 和 $T_{id_2} = V1_2 \oplus T_{s_2} \oplus PRNG(VT_{s_2} \oplus V_r)$ 是否成立。如果验证不成功，则使用 VT_{s_2}' 重新进行上述计算和验证。如果两次验证均不成功，则协议终止。如果其中一次验证成功，则协议继续执行。

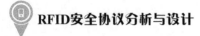

③标签 2 生成随机数 $T2_r$，然后计算 $M2 = PRNG(\ T_{id_2} \oplus T_{s_2} \oplus VT_s \oplus RT_s\ ) \oplus PRNG(M1 \oplus TS_{c_2} \oplus T2_r)$，$\beta2 = T2r \oplus PRNG(\ T_{id_2} \oplus VT_s \oplus RT_s)$，$Y2 = G_{id} \oplus PRNG(\ TG_s \oplus V_r) \oplus PRNG(\ RT_s \oplus R_{r_2})$，$R_{c_2} = R_{id} \oplus PRNG(M2 \oplus \beta2 \oplus Y2 \oplus RT_s \oplus R_{r_2})$，其中 RT_s 为①中验证成功的 RT_{s_2} 或 $RT_{s_2}^n$，VT_s 为②中验证成功的 VT_{s_2} 或 VT'_{s_2}。

④标签 2 使用与标签 1 相同的原理更新 VT'_{s_2}，VT_{s_2}，RT_{s_2} 的值。随后，给读写器发送消息 $M2$，$\beta2$，$Y2$，R_{c_2}。

其他标签和读写器的交互原理同标签 2。最终，标签 m 收到消息 $V1_m$，μ_m，$M(m-1)$，$Y(m-1)$，Rm，$\delta1_m$，$\delta2_m$，TS_{c_m}，处理后发送消息 Mm，βm，Ym，R_{c_m} 给读写器。读写器从 TTS 获得时间戳 TS_c，标志着本轮协议结束。随后，读写器将 m 个标签生成的部分组证明汇总为：$P = \{\ G_{id},\ R_{id},\ (M1,\ \beta1,\ R_{r_1},\ RT_{s_1},\ RT_{s_1}^n,\ TS_{c_1},\ R_{c_1}),\ (M2,\ \beta2,\ R_{r_2},\ RT_{s_2},\ RT_{s_2}^n,\ TS_{c_2},\ R_{c_2}),\ \cdots,\ (Mm,\ \beta m,\ R_{r_m},\ RT_{s_m},\ RT_{s_m}^n,\ TS_{c_m},\ R_{c_m})\}$。最终，读写器加密 P 并将其传送给验证者。

（3）验证阶段

验证者首先将 P 解密。随后，对组中的每个标签，验证 $|\ TS_{c_i} - TS_r\ | < \Delta_{TS}$ 是否成立，如果不成立，则表示组证明有误。否则，验证者使用已有信息重新计算 $M1'$，$M2'$，$\cdots$，Mm'，并验证 $M1' = M1$，$M2' = M2$，$\cdots$，$Mm' = Mm$ 是否成立。验证者同时检查第 $i+1$ 个标签的时间戳是否大于第 i 个标签的时间戳。如果以上验证均成功，表示组证明协议执行成功，组证明有效。

4.4.2.2　漏洞分析

在 RFID 系统中，读写器和标签在不安全的无线通信信道进行交互。因此，敌手可以完全控制该通信信道。具体地说，敌手可以窃听、阻塞、修改或重放信道中的任意消息。下面具体分析 Sundaresan 等的协议存在的漏洞。

（1）异步攻击

通过中断读写器与标签之间传送的某些消息，敌手可以使得标签和验证者共享的秘密 VT_s 不同步。具体的攻击描述如下。

由图 4-5 可知，TS_{r_i}，$VT_{s_{ij}}$ 和 μ_{ij} 都是验证者为第 i 轮中的标签 j 预计算的值，其中 $\mu_{ij} = T_{id_j} \oplus VT_{s_{ij}} \oplus V_{r_i}$，$VT_{s_{ij}} = PRNG(VT_{s_{(i-1)j}})$ $(1 \leqslant i \leqslant n，1 \leqslant j \leqslant m)$。一旦 TS_{r_i} 为真，则第 i 轮协议开始执行。假定本轮协议中读写器发送给标签 j 的消息被敌手中断，此时，标签 j 中 VT_{s_j} 和 VT'_{s_j} 的值与第 $i-1$ 轮的值相同，即 $VT_{s_j} = VT_{s_{ij}}$，$VT'_{s_j} = VT_{s_{(i-1)j}}$。特别地，如果 $i=1$，则 $VT_{s_j} = VT'_{s_j} = VT_{s_{ij}}$。而按照协议步骤，由于无法在规定时间内收到标签 j 的响应消息，读写器会将部分组证明传送给队列中的下一个标签。一旦 $TS_{r_{(i+1)}}$ 为真，则第 $i+1$ 轮协议开始执行。此时，标签 j 中 VT_{s_j} 和 VT'_{s_j} 的值与上一轮相同。但是，读写器发送给标签 j 的 $\mu_{(i+1)j}$ 值为：$\mu_{(i+1)j} = T_{id_j} \oplus VT_{s_{(i+1)j}} \oplus V_{r_{(i+1)}}$。这样，标签 j 和验证者共享的秘密 VT_s 不再同步。在接下来的第 $i+2$ 轮协议及之后的 $n-i-2$ 轮协议中，由于 VT_s 的异步状态，都会出现标签 j 存在但读写器无法得到其部分组证明的情况。

（2）主动攻击

通过修改传输中的消息，敌手可以使得读写器和标签在成功验证后共享不同的消息，从而导致非法组证明的产生并使验证者验证失败。具体的攻击描述如下。

在某轮协议执行过程中，当标签 j 发送 Mj，βj，Yj，R_{c_j} 给读写器后（如步骤 2 第④步中的操作），敌手可以截获该消息，然后选取随机数 r，并分别将 Mj 和 βj 替换为 Mj'' 和 $\beta j''$，其中 $Mj'' = Mj \oplus r$，$\beta j'' = \beta j \oplus r$。当收到消息 Mj''，$\beta j''$，Yj，R_{c_j}，读写器验证等式 $R_{id} = R_{c_j} \oplus PRNG(Mj'' \oplus \beta j'' \oplus Yj \oplus RTs \oplus R_{r_j})$ 时，该验证将会成功。因为 $PRNG(Mj'' \oplus \beta j'' \oplus Yj \oplus RTs \oplus R_{r_j}) = PRNG(Mj \oplus \beta j \oplus Yj \oplus RTs \oplus R_{r_j})$ 成立，协议将继续执行。然而，在验证阶段，当验证者使用其存储的信息计算 Mj' 时，将得到 $Mj' \neq Mj''$，即该组证明非法。

4.4.3 改进方案

我们首先引入一个验证者和标签之间共享的变量，该变量表示

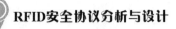

当前正在执行的协议的轮数。然后，通过同步验证者和标签之间的共享变量值来抵抗异步攻击。此外，通过在计算 R_{c_i} 值时增加 $PRNG$ 操作，来保证传送消息的完整性。下面给出改进方案。

4.4.3.1 初始化阶段

读写器和标签分别存储各自的身份信息、密钥及和其他参与方共享的秘密。令 m 为一组标签的总数，令 n 为预先授权给读写器的可执行协议的总轮数。验证者为读写器预计算执行 n 轮协议所需的信息，如图4-5所示。令 run_v 和 run_t 表示当前正在执行的协议的轮数，即如果当前正在执行的是第 i 轮协议，那么此时 run_v 和 run_t 的值是 i。为此，我们在图4-5中"Generate future timestamp TS_{r_i}"操作后，增加操作"$run_v \leftarrow i$"。同时，读写器在每轮协议的预计算信息中也需要存储 run_v 值，标签组的每个标签中存储 run_t，且 run_v 和 run_t 的初始值均为1。

上述初始化操作完成后，每个标签中存储 $\{G_{id}, TG_s, T_{id_j}, T_{s_j}, run_{t_j}, VT_{s_j}, VT'_{s_j}\}$ $(1 \leq j \leq m)$，其中初始时 $run_{t_j} = 1$ 且 $VT_{s_j} = VT'_{s_j}$。此外，标签中还存储被授权可访问该标签的每个读写器的信息 $\{R_{id}, RT_{s_j}, R_{r_j}^{-1}\}$。读写器存储 $\{R_{id}, RV_s\}$，并存储 n 轮协议的预计算信息，每轮协议的预计算信息为 $\{run_v, G_{id}, TS_{r_i}, TS_{v_i}, V1_{i(1..m)}, V2, \mu_{i(1..m)}, RT_{s_{i(1..m)}}, RT^n_{s_{i(1..m)}}\}$ $(1 \leq i \leq n)$。验证者存储上述身份信息及预计算的 n 轮协议执行所需的信息。

4.4.3.2 组证明收集阶段

步骤1：

①读写器选取随机数 R_{r_1} 并计算 $\delta 1_1 = PRNG(R_{id} \oplus RT_{s_1}) \oplus R_{r_1}$，$\delta 2_1 = PRNG(R_{id} \oplus RT^n_{s_1}) \oplus R_{r_1}$。然后，使用 R_{r_1} 随机化预计算值 $V1_1$，$V2$，μ_1，TS_v：$V1_1 = V1_1 \oplus R_{r_1}$，$V2 = V2 \oplus R_{r_1}$，$\mu_1 = \mu_1 \oplus R_{r_1}$，$TS_v = TS_v \oplus R_{r_1}$。

②读写器从 TTS 获得当前时间戳 TS_{c_1}，计算 $R1 = R_{id} \oplus PRNG$

$(TS_v \oplus TS_{c_1} \oplus PRNG(run_v) \oplus R_{r_1})$，并发送 $V1_1$，$V2$，μ_1，$R1$，$\delta1_1$，$\delta2_1$，run_v，TS_v 和 TS_{c_1} 给标签1。

步骤2：

①使用 $\delta1_1$，标签1计算 $PRNG(R_{id} \oplus RT_{s_1}) \oplus \delta1_1$ 得到 R_{r_1}，然后验证等式 $R_{id} = R1 \oplus PRNG(TS_v \oplus TS_{c_1} \oplus R_{r_1})$ 是否成立。如果验证不成功，使用 $\delta2_1$ 和 $RT_{s_1}^n$ 重新进行上述计算和验证，其中 $RT_{s_1}^n = PRNG(RT_{s_1})$。如果两次验证均不成功，则协议终止。如果其中一次验证成功，则协议继续执行。

②标签1比较其内部存储的 run_{t_1} 和从读写器收到的 run_v 值。如果 $run_{t_1} \geq run_v$，则执行③。否则，表示验证者和标签1共享的秘密 VT_s 存在异步的情况。因此，标签1执行如下操作：首先，计算 $x = run_v - run_{t_1}$，然后在 VT_{s_1} 上连续执行 $x-1$ 次 $PRNG$ 操作并将得到的值赋给 VT'_{s_1}。随后，更新 VT_{s_1} 为：$VT_{s_1} = PRNG(VT'_{s_1})$。同时，更新 run_{t_1} 为：$run_{t_1} = run_v$。

③对收到的消息 $V1_1$，$V2$，μ_1，TS_v，标签1计算：$V1_1 \oplus R_{r_1} \rightarrow V1_1$，$V2 \oplus R_{r_1} \rightarrow V2$，$\mu_1 \oplus R_{r_1} \rightarrow \mu_1$，$TS_v \oplus R_{r_1} \rightarrow TS_v$。然后，计算 $V_r = T_{id_1} \oplus VT_{s_1} \oplus \mu_1$，并验证 $G_{id} = V2 \oplus PRNG(TG_s \oplus V_r)$ 和 $T_{id_1} = V1_1 \oplus T_{s_1} \oplus PRNG(VT_{s_1} \oplus V_r)$ 是否成立。如果验证失败，标签使用 VT'_{s_1} 重新进行上述计算和验证。如果两次验证均不成功，则协议终止。接着，标签1计算 $TS_r = PRNG(T_{id_1} \oplus VT_s) \oplus V_r \oplus TS_v$，其中 VT_s 为上述验证成功的 VT_{s_1} 或 VT'_{s_1}。

④标签1生成随机数 $T1_r$，然后计算 $M1 = PRNG(T_{id_1} \oplus T_{s_1} \oplus VT_s \oplus RT_s) \oplus PRNG(TS_r \oplus TS_{c_1} \oplus T1_r)$，$\beta1 = T1_r \oplus PRNG(T_{id_1} \oplus VT_s \oplus RT_s)$，$Y1 = G_{id} \oplus PRNG(TG_s \oplus V_r) \oplus PRNG(RT_s \oplus R_{r_1})$，$R_{c_1} = R_{id} \oplus PRNG(PRNG(M1) \oplus PRNG(\beta1) \oplus Y1 \oplus RT_s \oplus R_{r_1})$，其中 RT_s 为①中验证成功的 RT_{s_1} 或 $RT_{s_1}^n$，VT_s 为③中验证成功的 VT_{s_1} 或 VT'_{s_1}。

⑤如果③中使用 VT_{s_1} 成功验证了 T_{id_1}，那么标签分别更新 VT'_{s_1}

和 VT_{s_1} 为：$VT'_{s_1} \leftarrow VT_{s_1}$ 和 $VT_{s_1} \leftarrow PRNG(VT_{s_1})$。如果①中使用 $\delta 1_1$ 成功验证了 R_{id}，那么标签更新 RT_{s_1} 为：$RT_{s_1} \leftarrow PRNG(RT_{s_1})$。如果等式 $run_{t_1} = run_v + 1$ 不成立，则更新 run_{t_1} 为：$run_{t_1} \leftarrow run_{t_1} + 1$。否则，上述更新操作均不执行。最后，标签 1 传送 $M1$，$\beta 1$，$Y1$，R_{c_1} 给读写器。

步骤 3：

①读写器验证等式 $R_{id} = R_{c_1} \oplus PRNG(PRNG(M1) \oplus PRNG(\beta 1) \oplus Y1 \oplus RT_{s_1} \oplus R_{r_1})$ 是否成立。如果验证失败，标签使用 $RT^n_{s_1}$ 重新进行上述计算和验证。如果两次验证均不成功，则协议终止。

②读写器计算 $Y1 = Y1 \oplus PRNG(RT_s \oplus R_{r_1})$，其中 RT_s 为①中验证成功的 RT_{s_1} 或 $RT^n_{s_1}$。随后，读写器分别更新 RT_{s_1} 和 $RT^n_{s_1}$ 值为：$RT_{s_1} \leftarrow RT^n_{s_1}$ 和 $RT^n_{s_1} \leftarrow PRNG(RT^n_{s_1})$。

③读写器为标签 2 选取随机数 R_{r_2}，然后，计算 $\delta 1_2 = PRNG(R_{id} \oplus RT_{s_2}) \oplus R_{r_2}$，$\delta 2_2 = PRNG(R_{id} \oplus RT^n_{s_2}) \oplus R_{r_2}$，$V1_2 = V1_2 \oplus R_{r_2}$，$\mu_2 = \mu_2 \oplus R_{r_2}$。

④读写器从 TTS 获得 TS_{c_2}，并计算 $R2 = R_{id} \oplus PRNG(M1 \oplus TS_{c_2} \oplus PRNG(run_v) \oplus R_{r_2})$。随后，发送 $V1_2$，μ_2，$M1$，$Y1$，$R2$，$\delta 1_2$，$\delta 2_2$，run_v 和 TS_{c_2} 给标签 2。

步骤 4：

①利用收到的 $\delta 1_2$，标签 2 计算 $R_{r_2} = PRNG(R_{id} \oplus RT_{s_2}) \oplus \delta 1_2$ 并验证等式 $R_{id} = R2 \oplus PRNG(M1 \oplus TS_{c_2} \oplus PRNG(run_v) \oplus R_{r_2})$ 是否成立。如果验证不成功，使用 $\delta 2_2$ 重新进行上述计算和验证。如果两次验证均不成功，则协议终止。如果其中一次验证成功，则协议继续执行。随后，标签 2 验证等式 $R_{r_2} = R^{-1}_{r_2}$ 是否成立。如果成立，则协议终止。否则，标签将 $R^{-1}_{r_2}$ 的值更新为 R_{r_2}。

②标签 2 比较其内部存储的 run_{t_2} 和从读写器收到的 run_v 值。具体的操作同标签 1，见步骤 2 的第②步。

③对收到的消息 $V1_2$ 和 μ_2，标签 2 计算：$V1_2 \oplus R_{r_2} \rightarrow V1_2$，

$\mu_2 \oplus R_{r_2} \rightarrow \mu_2$。随后，计算 $V_r = T_{id_2} \oplus VT_{s_2} \oplus \mu_2$ 并验证等式 $G_{id} = Y1 \oplus PRNG(TG_s \oplus V_r)$ 和 $T_{id_2} = V1_2 \oplus T_{s_2} \oplus PRNG(VT_{s_2} \oplus V_r)$ 是否成立。如果验证不成功，使用 VT'_{s_2} 重新进行上述计算和验证。如果两次验证均不成功，则协议终止。如果其中一次验证成功，则协议继续执行。

④标签 2 生成随机数 $T2_r$，然后计算 $M2 = PRNG(T_{id_2} \oplus T_{s_2} \oplus VT_s \oplus RT_s) \oplus PRNG(M1 \oplus TS_{c_2} \oplus T2_r)$，$\beta2 = T2_r \oplus PRNG(T_{id_2} \oplus VT_s \oplus RT_s)$，$Y2 = G_{id} \oplus PRNG(TG_s \oplus V_r) \oplus PRNG(RT_s \oplus R_{r_2})$，$R_{c_2} = R_{id} \oplus PRNG(PRNG(M2) \oplus PRNG(\beta2) \oplus Y2 \oplus RT_s \oplus R_{r_2})$，其中 RT_s 为①中验证成功的 RT_{s_2} 或 RT''_{s_2}，VT_s 为③中验证成功的 VT_{s_2} 或 VT'_{s_2}。

⑤标签 2 使用与标签 1 相同的原理更新 VT'_{s_2}，VT_{s_2}，run_{t_2}，RT_{s_2} 的值。随后，给读写器发送消息 $M2$，$\beta2$，$Y2$，R_{c_2}。

4.4.4 新协议安全性分析

由于我们的改进方案基于 Sundaresa 等的协议，因此新协议具备标签/读写器匿名性、标签/读写器位置隐私、前向安全性、抗重放攻击等安全属性。此外，我们的协议还可以抵抗异步攻击和主动攻击。

4.4.4.1 抗异步攻击

新协议中，即使敌手中断了读写器与标签之间传送的某些消息，标签和验证者共享的秘密 VT_s 仍可保持同步。具体分析如下。

一旦 TS_{r_i} 为真，则第 i 轮协议开始执行。假定本轮协议中读写器发送给标签 j 的消息被敌手中断，此时，标签 j 中 run_{t_j}，VT_{s_j} 和 VT'_{s_j} 的值均与第 $i-1$ 轮的值相同，即 $run_{t_j} = i-1$，$VT_{s_j} = VT_{s_{ij}}$，$VT'_{s_j} = VT_{s_{(i-1)j}}$。特别地，如果 $i=1$，则 $VT_{s_j} = VT'_{s_j} = VT_{s_{ij}}$。而由于读写器无法在规定时间内收到标签 j 的响应消息，根据协议步骤，读写器会将部分组证明传送给队列中的下一个标签。

一旦 $TS_{r_{(i+1)}}$ 为真，则第 $i+1$ 轮协议开始执行。标签 j 将从读写器获得消息（$V1_j$，$V2$，μ_j，$R1$，$\delta1_j$，$\delta2_j$，run_v，TS_v，TS_{c_j}），其中 $run_v = i+1$。而此时标签 j 中存储的 run_{t_j} 值仍为 $i-1$。因此，标签 j 计算 $x = run_v - run_{t_j}$，得到 $x = 2$。随后，标签 j 分别将 VT_{s_j} 和 VT'_{s_j} 更新为：$VT_{s_j} \leftarrow VT_{s_{(i+1)j}}$，$VT'_{s_j} \leftarrow VT_{s_{ij}}$。最后，更新 run_{t_j} 的值为：$run_{t_j} \leftarrow i+1$。

根据图 4-5，预计算值 $\mu_{(i+1)j} = T_{id_j} \oplus VT_{s_{(i+1)j}} \oplus V_{r_{(i+1)}}$。因此，使用更新后的 VT_{s_j}，标签 j 可由 $\mu_{(i+1)j}$ 解得正确的 $V_{r_{(i+1)}}$，并使 G_{id} 和 T_{id_j} 验证成功。

4.4.4.2 抗主动攻击

在某轮协议执行过程中，当标签 j 发送 Mj，βj，Yj，R_{c_j} 给读写器后，敌手可能截获该消息并分别将 Mj 和 βj 替换为 Mj'' 和 $\beta j''$，其中 $Mj'' = Mj \oplus r$，$\beta j'' = \beta j \oplus r$（$r$ 为敌手选取的随机数）。然而，当收到消息 Mj''，$\beta j''$，Yj，R_{c_j} 后，读写器验证等式 $R_{id} = R_{c_j} \oplus PRNG$（$PRNG(Mj'') \oplus PRNG(\beta j'') \oplus Yj \oplus RT_s \oplus R_{r_j}$）时，无论使用 RT_{s_j} 还是使用 RT''_{s_j}，该验证都将会失败且协议终止。因此，新协议能抵抗主动攻击。

4.5 本章小结

随着 RFID 系统的广泛应用，如何有效地管理 RFID 标签，进而有效地管理相关物品，已经成为某些 RFID 应用领域需要考虑的重点问题。组证明协议可以产生两个或两个以上标签同时存在的证据，该证据可以在现实中广泛使用。然而，由于标签的计算能力有限，因此保证协议的安全性是设计组证明协议时需要考虑的重点。

本章设计了一个无须时间戳的组证明协议，协议中验证者可离线验证组证明且读写器无须按顺序扫描标签。我们还在 UC 框架下证明了协议的安全性。此外，协议符合 EPC C1G2 标准，因此协议可适用于标签大规模应用的场景。

　　针对 Sundaresan 等提出的标签顺序读取组证明协议，本章分析表明，该协议无法抵抗异步攻击和主动攻击。随后，对该协议进行了改进，改进后的协议不仅增强了 Sundaresan 等协议的安全性，而且仍然遵循 EPC C1G2 标准。

5 RFID 标签所有权转移协议

在实际应用中，物品的所有权常常发生变化。例如，在供应链场景下，生产商生产出产品时，生产商拥有该产品的所有权。随后，该产品被出售给经销商后，经销商则成为该产品的所有者。最终，消费者购买该产品，使得产品的所有权再次转移。在这种情况下，物品的所有权不断由旧所有者转移给了新的所有者。然而，物品的所有者实际拥有该物品并不代表他完全控制了该物品，如果附着在物品上的标签的所有权没有进行转移，那么该物品的原所有者仍然可以扫描并读取标签信息，从而使得物品新所有者的隐私遭到泄露。因此，随着物品所有权的不断变化，附着在物品上的标签的所有权也需要在其生命周期中不断转移[98]。标签所有权是指可以识别标签并控制与标签相关的所有信息的能力。标签所有权转移意味着新所有者接管了标签的管理权。

然而，在标签所有权转移过程中往往存在一些安全和隐私问题。首先，由于 RFID 读写器通过无线信道与标签进行通信，因此其通信过程容易遭到窃听。其次，由于每个 RFID 标签有唯一的身份标识，如果标签直接将其身份标识发送给扫描它的读写器，那么该标签很容易被攻击者跟踪，从而使标签所有者的隐私信息遭到泄露。再次，由于许多应用需要大规模配置标签，因而在这些场景中使用的 RFID 标签往往是廉价的。而低成本标签通常具有有限的存储资源和处理能力，使得存储在其中的数据易被篡改或泄露。此时，敌手可以利用获得的标签内部信息推算出之前或未来标签的秘密信息，从而泄露用户隐私。此外，在标签所有权转移之后，恶意的旧所有者可能试图利用其保留的旧的标签秘密信息，继续访问标签。同时，恶意的新所有者也可能试图利用其现有的标签信息追踪标签所有权转移之前的交互信息。

　　为了解决上述安全和隐私问题，学者们已经提出了许多 RFID 标签所有权转移方案。在这些方案中，为保护标签的位置隐私，协议中往往使用基于随机数的假名来标识标签身份，并以匿名的方式响应读写器的扫描；为抵抗窃听攻击，往往使用密码技术来保护读写器和标签之间传送的消息。

5.1　单标签所有权转移协议

5.1.1　相关工作

　　2005 年，Molnar 等[99]首次提出一个针对 RFID 标签所有权转移的匿名协议，该协议由一个可信中心（TC）来控制所有的标签信息，要求标签原所有者和新所有者必须相信相同的 TC，这限制了协议的使用范围。

　　同年，Osaka 等[100]基于散列函数和对称密码体制提出了一个高效的所有权转移协议。该方案通过在所有权转移过程中改变对称私钥，实现了对标签旧所有者和新所有者的保护。但该方案不能抵抗拒绝服务攻击，也不满足标签的不可追踪性。

　　2007 年，为解决新所有者的隐私保护问题，Fouladgar 等[101]提出了一个简单、高效的支持授权和所有权转移的协议。然而，由于标签每次返回的值可能被敌手获取，进而使敌手成功冒充该标签，因此该方案不能抵抗重放攻击。此外，标签还有被追踪的风险。

　　在 2008 年的 RFIDSec 会议上，Song[102]定义了 RFID 标签所有权转移协议的安全和隐私保护需求，并提出了 3 个子协议：所有权转移协议、秘密更新协议及授权恢复协议。但经多位学者分析，该方案存在诸多安全性问题。随后，Song 等对该方案进行了改进，但改进后的方案[103]仍不具备后向隐私保护并且易受到异步攻击。

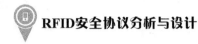

2011 年, 金永明等[104]基于 SQUASH 方案, 提出了一个新的轻量级所有权转移协议。该协议比基于 Hash 函数的方案具有更高的效率, 还优化了 Song[102]的所有权转移协议。但经过分析, 在所有权转移时, 新所有者可以获得旧所有者与标签交互时共享的公私钥 (s_i, t_i), 这使新所有者在获得 RFID 标签所有权后还能访问之前 RFID 标签与旧所有者交互的数据, 因此该协议不具备前向隐私保护。另外, 在密钥更新阶段, 恶意的旧所有者可以通过窃取消息 P 及之前认证阶段获得的随机数 r_T 计算出 t_i', 从而可以继续访问标签, 因此该协议也不具备后向隐私保护。

在 2011 年的 RFIDSec 会议上, 针对供应链中标签所有权转移存在的安全和隐私问题, Elkhiyaoui 等[105]提出了 RFID 标签所有权转移协议的安全模型并设计了一个可实现签发者验证的标签所有权转移方案。该方案在标签中存储签发者的签名, 且该签名可被供应链中所有的参与者进行验证。但 Moriyama[106]指出 Elkhiyaoui 等的安全模型有局限性, 如该模型假设所有权转移协议的各参与方均无恶意, 这种假设使得其协议在现实中不能提供足够的隐私保护。

2012 年, Kapoor 等[107]提出了有可信第三方和无可信第三方支持的两个所有权转移方案。然而, 有可信第三方的所有权转移方案易受到异步攻击, 而无可信第三方的所有权转移方案则存在后向隐私泄露及易受到拒绝服务攻击等安全性问题。

2013 年, Doss 等[108]基于二次剩余提出了两个标签所有权转移方案: 闭环方案和开环方案, 但两个协议均需要标签与新旧所有者之间执行多次交互且需要在标签上多次执行模平方运算, 严重影响了 RFID 标签的转移效率。

同年, Chen 等[109]提出了遵循 EPC C1G2 标准的标签所有权转移协议, 该协议在标签端仅使用 PRNG 和 CRC 操作。然而, 该方案易受到拒绝服务攻击。

5.1.2 典型协议分析

本章主要研究无须可信第三方支持的 RFID 标签所有权转移协

议，因此下面简要描述两个典型的无须可信第三方支持的单标签所有权转移协议，并对这些协议进行安全性分析。

5.1.2.1 Song 的协议分析

Song 提出的 RFID 标签所有权转移协议[102]为典型的无须可信第三方支持的 RFID 标签所有权转移协议。下面首先简要描述协议步骤，然后对协议进行安全性分析。

（1）协议描述

该协议包含两个子协议：所有权转移协议（图 5-1）和秘密更新协议（图 5-2）。初始时，系统为每个标签分配一个 l 比特的串 s，其中 l 为安全参数。然后，计算 $t = h(s)$。标签所有者数据库中存储以下信息：当前秘密（t, s），旧秘密（$\hat{t}, \hat{s}$），标签业务信息 $Info$。标签 T 中存储秘密 t 用于标识其身份。为描述方便，使用 S_j 表示标签旧所有者，S_{j+1} 表示标签新所有者。

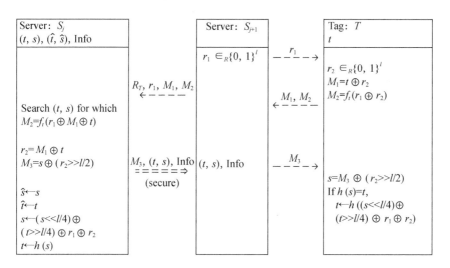

图 5-1 Song 的所有权转移协议

在所有权转移协议中，旧所有者首先将标签秘密更新为临时秘密，并通过安全信道将标签临时秘密和标签业务信息传送给新所有

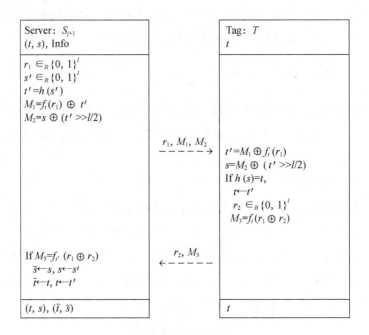

图 5-2 Song 的秘密更新协议

者。具体协议步骤描述如下。

①$S_{j+1} \rightarrow T$：S_{j+1} 选取 l 比特的随机数 r_1，并将其传送给 T。

②$T \rightarrow S_{j+1}$：T 选取 l 比特的随机数 r_2，并计算 $M_1 = t \oplus r_2$ 和 $M_2 = f_t(r_1 \oplus r_2)$。随后，传送（$M_1$，$M_2$）给 S_{j+1}。

③$S_{j+1} \rightarrow S_j$：收到（M_1，M_2）后，S_{j+1} 传送（R_T，r_1，M_1，M_2）给 S_j，其中 R_T 表示标签 T 的所有权转移请求。

④$S_j \rightarrow S_{j+1}$：收到标签所有权转移请求，S_j 在其数据库中查询是否存在使等式 $M_2 = f_t(r_1 \oplus M_1 \oplus t)$ 成立的标签秘密（t，s）。如果查询成功，S_j 计算 $r_2 = M_1 \oplus t$，$M_3 = s \oplus (r_2 \gg l/2)$。否则，协议终止。随后，$S_j$ 更新数据库中存储的标签秘密：$\hat{s} \leftarrow s$，$\hat{t} \leftarrow t$，$s \leftarrow (s \ll l/4) \oplus (t \gg l/4) \oplus r_1 \oplus r_2, t \leftarrow h(s)$，并传送消息（$M_3$，（$t$，$s$），$Info$）给 S_{j+1}。

⑤$S_{j+1} \rightarrow T$：收到 S_j 传送的消息，S_{j+1} 将（（t，s），$Info$）存储

到数据库，并将 M_3 转发给 T。T 随后计算 $s = M_3 \oplus (r_2 \gg l/2)$，并验证等式 $h(s) = t$ 是否成立。如果成立，则 T 将其秘密更新为 $t \leftarrow h((s \ll l/4) \oplus (t \gg l/4) \oplus r_1 \oplus r_2)$。否则，协议终止。

在秘密更新协议中，新所有者生成标签的新秘密，并同标签一起更新秘密，从而完成标签所有权的转移。具体协议步骤描述如下。

①$S_{j+1} \rightarrow T$：S_{j+1} 选取 l 比特的随机数 r_1 和 s'，并计算 $t' = h(s')$，$M_1 = f_t(r_1) \oplus t'$，$M_2 = s \oplus (t' \gg l/2)$。随后，传送（$r_1$，$M_1$，$M_2$）给 T。

②$T \rightarrow S_{j+1}$：收到来自 S_{j+1} 的消息（r_1，M_1，M_2），T 计算 $t' = M_1 \oplus f_t(r_1)$ 和 $s = M_2 \oplus (t' \gg l/2)$。如果 $h(s) = t$ 成立，则 T 成功认证 S_{j+1} 为被授权的新所有者。否则，协议终止。随后，T 更新其秘密为 $t \leftarrow t'$，选取随机数 r_2，计算 $M_3 = f_t(r_1 \oplus r_2)$，并将（$r_2$，$M_3$）传送给 S_{j+1}。

③S_{j+1}：S_{j+1} 收到消息（r_2，M_3）后，验证等式 $M_3 = f'_t(r_1 \oplus r_2)$ 是否成立，如果等式成立，则更新其数据库中存储的标签 T 的秘密信息，否则重新执行协议。

（2）安全性分析

为保证新所有者的隐私，Song 假设秘密更新协议需运行在远离 S_j 的环境中，以防 S_j 窃听消息。这种假设在某些应用中是不可行的。此外，分析表明，即使这种假设成立，协议依然不安全。

1）服务器伪造攻击

假设所有权转移协议执行到第⑤步时，敌手窃听到读写器传送给 T 的消息 M_3，并成功阻止了标签获得该消息，使得协议终止。此时，T 的秘密没有改变，假设仍为 t。然而，新旧所有者 S_j 和 S_{j+1} 中的秘密已更新为：$s \leftarrow (s \ll l/4) \oplus (t \gg l/4) \oplus r_1 \oplus r_2$，$t \leftarrow h(s)$。此外，敌手获得了 $M_1 = t \oplus r_2$ 和 $M_3 = s \oplus (r_2 \gg l/2)$。

这时敌手 A 可以利用已有的消息冒充新所有者，具体攻击如下。

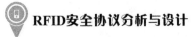

①$A \to T$：A 选取 l 比特的随机数 r_1'，并将其传送给 T。

②$T \to A$：T 选取 l 比特的随机数 r_2'，并计算 $M_1' = t \oplus r_2'$ 和 $M_2' = f_t(r_1' \oplus r_2')$。随后，传送 (M_1', M_2') 给 A。

③$A \to T$：A 使用之前窃听的消息 M_1 计算 $M_1 \oplus M_1' = t \oplus r_2 \oplus t \oplus r_2'$，使用 M_3 计算 $M_3' = M_3 \oplus ((M_1 \oplus M_1') \gg l/2)$。然后，传送 M_3' 给 T。显然，$M_3' = s \oplus (r_2 \gg l/2) \oplus ((r_2 \oplus r_2') \gg l/2) = s \oplus (r_2' \gg l/2)$。

④T：T 计算 $s = M_3' \oplus (r_2' \gg l/2)$，并验证等式 $h(s) = t$ 成立。随后，T 将其秘密更新为 $t \leftarrow h((s \ll l/4) \oplus (t \gg l/4) \oplus r_1' \oplus r_2')$。

由于 $r_1' \oplus r_2' \ne r_1 \oplus r_2$，因此，被敌手攻击后标签的秘密与新旧所有者中存储的标签的秘密信息都不相同，这将导致新旧所有者均无法识别标签 T。

2）异步攻击

假设在执行秘密更新协议的第①步时，敌手阻塞 S_{j+1} 发送给 T 的消息 (r_1, M_1, M_2)。随后，敌手发送 (r_1, M_1', M_2') 给 T，其中 M_1' 为敌手选取的随机数，$M_2' = M_2 \oplus (M_1 \oplus M_1') \gg l/2$。当执行秘密更新协议的第②步时，根据 (r_1, M_1', M_2')，T 将成功认证标签所有者并更新其秘密为 $t \leftarrow M_1' \oplus f_t(r_1)$。此时，无论是新所有者还是旧所有者均无法识别 T。

5.1.2.2　Kapoor 等的协议分析

Kapoor 等[107]提出了需要可信第三方参与和无须可信第三方参与两个标签所有权转移协议，本部分分析无须可信第三方参与的标签所有权转移协议。协议中，Tag 表示待转移标签，R_1 和 R_2 分别表示标签旧所有者和新所有者，s_1 表示 Tag 的旧密钥，s_2 表示 Tag 的新密钥，g_k 和 f_k 分别为两个不同的带密钥 k 的加密函数。

（1）协议描述

协议由初始化和秘密更新两个阶段组成。

在初始化阶段（图 5-3），R_1 首先生成随机数 N_{R_1}。然后，通

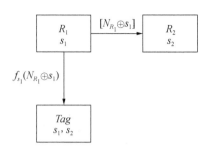

图 5-3　Kapoor 等的协议的初始化阶段

过安全信道传送 $N_{R_1} \oplus s_1$ 给 R_2，同时传送 f_{s_1}（$N_{R_1} \oplus s_1$）给标签。

秘密更新阶段执行如下（图 5-4）。

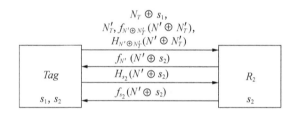

图 5-4　Kapoor 等的协议的秘密更新阶段

①标签解密从 R_1 收到的消息，得到 $N_{R_1} \oplus s_1$。然后，生成随机数 N_T 和 N_T'，并计算 $N = N_{R_1} \oplus N_T$。接着，随机反转 N 中的某一位，生成 N'。最后，发送 $N_T \oplus s_1$，N_T'，$f_{N' \oplus N_T'}$（$N' \oplus N_T'$），$H_{N' \oplus N_T'}$（$N' \oplus N_T'$）给 R_2。

②通过收到的 $N_T \oplus s_1$ 和初始化阶段获得的 $N_{R_1} \oplus s_1$，R_2 可计算得到 N。随后，R_2 蛮力破解 $f_{N' \oplus N_T'}$（$N' \oplus N_T'$）获得 N'，并通过计算 $H_{N' \oplus N_T'}$（$N' \oplus N_T'$）验证 N' 的正确性。

③R_2 生成新密钥 s_2，并发送 $f_{N'}$（$N' \oplus s_2$）给标签。如果 R_2 未在规定时间内收到第④步中标签发送的确认消息，则重复执行本步骤。

④标签解密收到的消息 $f_{N'}$（$N' \oplus s_2$）得到 s_2，然后发送确认消息 H_{s_2}（$N' \oplus s_2$）给 R_2。

⑤收到来自标签的确认消息 $H_{s_2}(N' \oplus s_2)$ 后，R_2 发送消息 $f_{s_2}(N' \oplus s_2)$ 给标签。如果标签在规定时间内未收到确认消息，则重新执行协议。

（2）安全性分析

Kapoor 等的协议通过采用 Hash 函数、加密函数及标签与新所有者之间互相确认消息的机制来确保协议的安全性。但经过分析，该协议仍然存在下述问题。

①协议执行后，标签中仍然保存标签与原所有者 R_1 的密钥 s_1，标签仍可被原所有者读取与追踪。因此，该协议本质上并没有实现所有权的转移，而只是实现了所有权的共享。

②协议无法满足后向隐私保护，具体攻击如下。

a. 在秘密更新阶段的第①步，R_1 可通过窃听得到标签发送给 R_2 的消息 $N_T \oplus s_1$，再利用其在初始化阶段掌握的 $N_{R_1} \oplus s_1$ 即可计算得到 N。随后，如同 R_2 的操作，R_1 也可通过蛮力破解 $f_{N' \oplus N'_T}(N' \oplus N'_T)$ 来获得 N'。

b. 在秘密更新阶段的第③步，R_1 可通过窃听得到 $f_{N'}(N' \oplus s_2)$。由于拥有 N'，R_1 可以解得标签与新所有者的密钥 s_2。

5.1.3　协议模型与安全需求

我们知道，在 RFID 系统中有 3 类实体：RFID 标签、读写器和后台服务器。其中，RFID 标签具有有限的存储空间和有限的计算能力。而后台服务器则具有较强的处理能力，它通过与其连接的读写器和 RFID 标签进行通信。后台服务器中还有一个数据库，用来存储它所拥有的 RFID 标签的信息。在分析 RFID 标签所有权转移协议时，我们通常将后台服务器和读写器看作一个整体，即视二者为一个独立的通信实体。因此，本章提出的协议涉及 3 个参与方：当前所有者服务器/读写器（CS）、新所有者服务器/读写器（NS）和待转移所有权的标签（T）。RFID 标签所有权转移协议模型如图 5-5 所示。

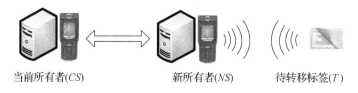

当前所有者(CS)　　　　新所有者(NS)　　　待转移标签(T)

图5-5　RFID标签所有权转移协议模型

一般地，标签所有权转移要经历3个阶段：①认证阶段：CS查询其数据库以确认 NS 读取的标签为 T；②授权阶段：CS 将 T 的信息传送给 NS，使 NS 能识别和读取 T；③秘密更新阶段：NS 与 T 同步更新秘密，安全地实现 T 所有权的转移。

一个安全的 RFID 标签所有权转移协议需要满足以下安全属性。

①双向认证：在所有权转移过程中，只有在 CS 成功认证标签 T 并且标签 T 也成功认证 CS 后，才能完成所有权的转移。

②标签匿名性：任意的攻击者 A，仅通过截获 CS（或 NS）与标签 T 之间的交互信息，无法获得标签 T 的任何身份信息，也无法追踪到标签 T 的任何活动。

③抗异步攻击：在攻击者 A 通过任意手段中断所有权转移协议，使 CS（或 NS）与标签 T 的信息同步失败后，协议可以保证标签 T 认证的再次成功，并实现信息的同步。

此外，还需要确保以下隐私需求。

①后向隐私保护：所有权转移之后，标签的原所有者 CS 不能再识别该标签 T，也无法访问标签 T 和新所有者 NS 的会话信息。

②前向隐私保护：所有权转移之后，标签的新所有者 NS 不能访问所有权转移前标签 T 与原所有者 CS 之间的会话信息。

5.1.4　协议描述

基于5.1.3节描述的 RFID 标签所有权转移协议的交互模型，

本小节提出一个轻量级 RFID 标签所有权转移协议 π_{TRANS}，如图 5-6 所示。

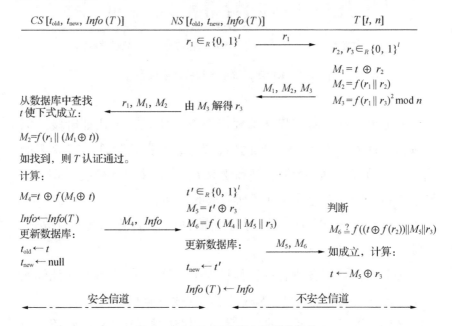

图 5-6   RFID 标签所有权转移协议

下面给出符号的定义：

l：标签动态身份及随机数的安全长度；

f：一个轻量级单向函数，$f: \{0, 1\}^* \to \{0, 1\}^l$；

$Info$：存储标签所标识的目标实体的业务信息的变量；

$\|$：字符串连接操作；

$\in_R$：随机数选择操作；

$\oplus$：异或运算；

$\leftarrow$：置换（赋值）运算。

在初始化阶段，每个标签在后台服务器的数据库中都对应一条记录（t_{old}，t_{new}，$Info(T)$），其中 t_{new} 表示标签的当前身份，t_{old} 表示标签转移前的身份，$Info(T)$ 记录标签的业务信息。NS 选取 2 个大素数 $p \in_R \{0, 1\}^l$ 和 $q \in_R \{0, 1\}^{l+1}$，满足 p，$q = 3 \bmod 4$，然后

计算 $n = pq$，并公开 n 给 CS。CS 中存储的有关 T 的记录中，$t_{new} = t$，其中 t 表示 T 当前的身份信息。标签 T 中存储 l 位的 t 和 $2l + 1$ 位的 n。

下面描述具体协议过程。

①NS 选取随机数 $r_1 \in_R \{0, 1\}^l$，然后通过相应的读写器向 T 发送挑战消息 r_1。

②收到 NS 的挑战消息后，T 随机选取 r_2，$r_3 \in_R \{0, 1\}^l$，然后计算 $M_1 = t \oplus r_2$，$M_2 = f(r_1 \| r_2)$，$M_3 = (r_1 \| r_3)^2 \bmod n$，并向 NS 发送响应消息 $< M_1, M_2, M_3 >$。

③对收到的消息 M_3，NS 根据保存的 p 和 q，解方程组 $M_3 = x^2 \bmod n$。根据中国剩余定理计算可得到 4 个解：x_1，x_2，x_3，x_4。如果能找到左 l 位等于 r_1 的解 $x_i (1 \leqslant i \leqslant 4)$，那么该解的右 l 位即为 r_3。然后，NS 向 CS 发送消息 $< r_1, M_1, M_2 >$。否则，验证失败，停止协议过程。

④一旦收到消息 $< r_1, M_1, M_2 >$，CS 顺序执行以下操作。

a. CS 从数据库的 t_{new} 列中查找使下式成立的 t：$M_2 = f(r_1 \| (M_1 \oplus t))$，如找到，则 T 通过认证。然后，CS 计算 $M_4 = t \oplus f(M_1 \oplus t)$，执行命令 $Info \leftarrow Info(T)$，并更新数据库：$t_{old} \leftarrow t$，$t_{new} \leftarrow$ null。最后，CS 向 NS 发送授权消息 $< M_4, Info >$。

b. 如果上一步查找失败，CS 再从数据库的 t_{old} 列中查找，如查找成功，则表明上次所有权转移阶段出现同步异常，此次 T 重新通过认证。然后，CS 计算 $M_4 = t \oplus f(M_1 \oplus t)$，执行命令 $Info \leftarrow Info(T)$，并向 NS 发送授权消息 $< M_4, Info >$。

c. 如果前两步均查找失败，则停止协议过程。

⑤一旦收到 CS 发送的授权消息，NS 选取随机数 $t' \in_R \{0, 1\}^l$ 作为标签 T 的新身份信息，计算 $M_5 = t' \oplus r_3$，$M_6 = f(M_4 \| M_5 \| r_3)$。然后，更新数据库：$t_{new} \leftarrow t'$，$Info(T) \leftarrow Info$，并向 T 发送消息 $< M_5, M_6 >$。

⑥一旦收到 NS 发送的消息 $< M_5, M_6 >$，T 判断 $M_6 \underline{?} f((t \oplus$

$f(r_2))\parallel M_5\parallel r_3)$，如果成立，则 CS 和 NS 均通过认证，T 更新其身份信息：$t \leftarrow M_5 \oplus r_3$。否则，认证失败，停止协议过程。

5.1.5　安全性分析

5.1.5.1　理想函数 F_{TRANS}

下面基于协议模型和安全需求，形式化定义 RFID 标签所有权转移的理想函数 F_{TRANS}。

首先介绍在定义标签所有权转移理想函数时需要使用的变量和指令：sid 为会话标识；$\text{Type}(P)$ 返回参与方 P 的类型；指令（Init，sid，P，M）表示参与方 P 接收到了来自环境机 Z 的消息并开始发起会话；指令（Authed，sid，P_A，P_B，$secret$）表示参与方 P_A 认证了参与方 P_B，且二者共享的秘密为 $secret$；指令（Transfer，sid，P_A，P_B，P_C）表示参与方 P_A 将 P_C 的所有权转移给 P_B；指令（Update，sid，P，$secret$）表示参与方 P 更新其秘密为 $secret$；指令（Output，sid，P，$secret$）表示理想函数的输出。

由于标签 T 和 CS 的所属关系是标签所有权转移的前提，因此理想函数 F_{TRANS} 使用记录（CS，T，t，$Info(T)$）来表示这种所有权关系。其中，t 为任意随机数，用来标识标签 T 的动态身份；$Info(T)$ 表示标签 T 的业务数据。

①一旦收到 NS 发送的消息（Init，sid，NS，M_{NS}），传送（sid，$\text{Type}(NS)$，M_{NS}）给敌手 S。一旦收到 T 发送的消息（Init，sid，T，M_T），传送（sid，$\text{Type}(T)$，M_T）给敌手 S。

②一旦收到来自敌手 S 的消息（Authed，sid，CS，T，k），检查记录（CS，T，t，$Info(T)$）是否存在。

a. 如果记录不存在，则记录（Authed，sid，CS，T，fail）。

b. 如果记录存在且 $k = t$，则记录（Authed，sid，CS，T，success）。

c. 如果记录存在且 $k \neq t$，分两种情况：如果 CS 已被攻破，由

S 决定认证结果；如果 CS 没有被攻破，记录（Authed，sid，CS，T，fail）。

③一旦收到来自敌手 S 的消息（Authed，sid，T，CS，k'），检查记录（CS，T，t，$Info(T)$）是否存在，如果记录存在且 $k' = t$，那么记录（Authed，sid，T，CS，success），否则，记录（Authed，sid，T，CS，fail）。

④一旦收到 CS 发送的消息（Transfer，sid，CS，NS，T），记录（sid，NS，CS，T）。

⑤一旦收到 S 发送的消息（Update，sid，NS，γ），检查记录（Authed，sid，CS，T，success）、（Authed，sid，T，CS，success）和（sid，NS，CS，T）是否全部存在。

a. 如果记录都存在，且 NS 没有被攻破，则选择随机数 α，并添加记录（NS，T，α，$Info(T)$），然后发送（Output，sid，NS，α）给 NS。

b. 如果记录都存在，且 NS 已被攻破，则添加记录（NS，T，γ，$Info(T)$），然后发送（Output，sid，NS，γ）给 NS。

c. 如果有一条记录不存在，则返回失败。

⑥一旦收到 S 发送的消息（Update，sid，T，β），检查包含（NS，T）的记录是否存在：如果记录存在，并找到记录（NS，T，χ，$Info(T)$），则发送（Output，sid，T，χ）给 T，然后删除记录（CS，T，t，$Info(T)$）。如果记录不存在，则返回失败。

⑦如果在随机数 α 选择后，敌手 S 攻破了 NS，则将 α 发送给敌手 S。

下面证明理想函数 F_{TRANS} 满足 5.1.3 节中定义的安全与隐私需求。

①双向认证：在理想环境下，标签所有者 CS 对标签 T 的认证是通过指令（Authed，sid，CS，T，k）来实现的，而指令（Authed，sid，T，CS，k'）的实现也确保了标签 T 对所有者 CS 的认证。只有当两个认证都返回成功时，也就是记录（Authed，sid，

CS，T，success）和（Authed，sid，T，CS，success）都存在的条件下，F_{TRANS}才会添加记录（NS，T，α，$Info(T)$）以完成秘密更新，实现所有权的转移。

②标签匿名性：标签的业务数据$Info(T)$始终存在于可信环境下，而且认证过程中使用的标签身份标识t及更新后的标识α都是随机数。因此即使通过窃听不安全信道获得M_{NS}和M_T，敌手也无法识别或是追踪标签T。

③抗异步攻击：当敌手S在执行指令（Update，sid，NS）和（Update，sid，T）时，可能通过各种手段使NS和标签T的信息不同步。此时，如果包含（NS，T）的记录已经存在，则在执行指令（Update，sid，T）后会再次同步。如果包含（NS，T）的记录不存在，那么，由于记录（CS，T，t，$Info(T)$）还未被删除，所以重新启动理想过程仍可以保证标签T再次被成功认证，进而重新同步信息。

④后向隐私保护：在理想环境下，当所有权成功转移之后，即指令（Update，sid，T）执行后，标签的原所有者CS和标签T的所属关系记录（CS，T，t，$Info(T)$）已经被清除，并且更新后的秘密α对CS是保密的，因此CS不能再识别标签T，也无法访问标签T和新所有者NS的会话信息。

⑤前向隐私保护：在理想环境下，在指令（Update，sid，NS）执行前，标签的新所有者NS并没有得到任何信息。而在指令（Update，sid，NS）执行后，标签的新所有者NS也只能获得α。即便是所有权成功转移之后，即指令（Update，sid，T）执行后，NS也无法获得t。因此，NS无法访问所有权转移前标签T与原所有者CS之间的会话信息。

5.1.5.2　UC安全性证明

定理5.1　协议π_{TRANS}在UC框架下安全地实现了理想函数F_{TRANS}。

证明：令 A 为现实模型中的任意敌手。下面构建理想过程敌手 S，使环境机 Z 不能以不可忽略的概率区分它是在与现实过程中的 A 和运行协议 π_{TRANS} 的各参与方交互还是在与理想过程中的 S 和 F_{TRANS} 交互。

首先，构建理想敌手 S，S 运行 A 的模拟拷贝，它模拟 A 与运行 π_{TRANS} 的各方的交互。具体地，S 运行如下。

①与环境机 Z 的通信：任何来自 Z 的输入均被转发给 A。任何来自 A 的输出被拷贝作为 S 的输出，并被 Z 读取。

②模拟 NS 的初始激活：收到来自 F_{TRANS} 的（sid，$\text{Type}(NS)$，M_{NS}）后，S 选择随机数 r_1 并将其传给 A。

③模拟 T 收到初始激活消息：当 A 传送初始消息 r_1' 给 T 时，S 首先验证它在理想过程中已经收到来自 F_{TRANS} 的（sid，$\text{Type}(T)$，M_T）。然后，S 选择随机数 r_2 和 r_3，并将由 T 发送的消息（M_1，M_2，M_3）传给 A，其中 $M_1 = t \oplus r_2$，$M_2 = f(r_1' \| r_2)$，$M_3 = (r_1' \| r_3)^2 \bmod n$。

④模拟 NS 收到要求认证的消息：当 A 传送认证消息（M_1'，M_2'，M_3'）给 NS，S 根据 M_3' 解得 r_3'，并发送消息（r_1，M_1'，M_2'）给 CS。

⑤模拟 CS 收到要求认证的消息：当收到来自 NS 的消息（r_1，M_1'，M_2'），S 首先从数据库中查找使 $M_2' = f(r_1 \| (M_1' \oplus t))$ 成立的 t。

a. 如果找到对应的 t，则更新数据库中内容并传送（M_4，$Info$）给 NS，其中 $M_4 = t \oplus f(M_1' \oplus t)$。另外，在理想环境下，传送（Authed，$sid$，$CS$，$T$，$t$）给理想函数 F_{TRANS}。

b. 如果没有找到对应的 t，则返回认证失败，协议终止。同时，在理想环境下，传送（Authed，sid，CS，T，k）给理想函数 F_{TRANS}，其中 k 为 S 选择的任意随机数。

⑥模拟 NS 发送更新秘密的消息：转发从 NS 收到的（M_5，M_6）给敌手 A，其中 $M_5 = t' \oplus r_3$，$M_6 = f(M_4 \| M_5 \| r_3)$。

⑦模拟标签 T 收到更新秘密的消息：当 A 传送更新秘密消息

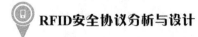

（M'_5，M'_6）给标签 T 时，T 判断等式 $M'_6 = f((t \oplus f(r_2)) \| M'_5 \| r_3)$ 是否成立。

　　a. 如果等式不成立，返回认证失败，协议终止。同时，在理想环境下，传送（Authed，sid，T，CS，k'）给理想函数 F_{TRANS}，其中 k' 为 S 选择的任意随机数。

　　b. 如果等式成立，计算 $\alpha \leftarrow M'_5 \oplus r_3$。在理想环境下，先传送（Authed，$sid$，$T$，$CS$，$t$）给理想函数 F_{TRANS}，然后再传送（Update，sid，NS，α）给理想函数 F_{TRANS}。一旦理想函数传送了 Output 消息给 NS，S 也立即传送该消息。最后，更新 T 的身份信息：$t \leftarrow \alpha$。同时，在理想环境下，传送（Update，sid，T，α）给理想函数 F_{TRANS}。一旦理想函数传送了 Output 消息给 T，S 也立即传送该消息。

　　⑧模拟 CS（或是 NS）被攻破：如果敌手 A 攻破了 CS 或 NS，那么在理想环境下，S 也攻破了同样的参与方，并且把被攻破参与方的相应内部数据发送给敌手 A。

　　其次，对 S 有效性进行分析。令 NSC 表示 NS 被攻破的事件，也就是在 NS 和标签 T 更新秘密之前，敌手 A 攻破了 NS（现实中，一般是指 NS 被腐败后的结果）。在理想环境下，事件 NSC 表示在 S 发送 Update 指令之前，模拟的 A 攻破了参与方 NS 的事件。

　　引理 5.1　无论事件 NSC 发生与否，对于环境机 Z 而言，真实协议 π_{TRANS} 和理想函数 F_{TRANS} 都是不可区分的，即 $REAL_{\pi_{\text{TRANS}},A,Z} \approx IDEAL_{F_{\text{TRANS}},S,Z}$。

　　证明：当 NSC 发生时，在现实环境中，对于环境机 Z 而言，敌手 A 和 RFID 标签所有权转移协议 π_{TRANS} 交互后输出的值为 α，其中 $\alpha \leftarrow M'_5 \oplus r_3$。而在理想环境中，在 S 中模拟的现实中的 A，在更新秘密阶段，用指令（Update，sid，NS，α）传送同样的 α 给理想函数 F_{TRANS}，并最后由 F_{TRANS} 输出 α 给 NS；同样，在执行完指令（Update，sid，T，α）后，标签 T 也得到同样的 α。因此，对于环境机 Z 而言，在 NSC 发生时，真实协议 π_{TRANS} 和理想函数 F_{TRANS} 的

输出是完全相同的。

当事件 NSC 没有发生时，在现实环境中，对于环境机 Z 而言，敌手 A 和 RFID 标签所有权转移协议 π_{TRANS} 交互后输出的值为 t'，其中 $t' \in_R \{0, 1\}^l$。而在理想环境中，在 S 中模拟的现实中的 A 与理想函数 F_{TRANS} 交互后，由 F_{TRANS} 输出 α 给 NS 和 T，其中 α 为 F_{TRANS} 选择的随机数。由于两个随机数是不可区分的，因此，对于环境机 Z 而言，在 NSC 没有发生时，敌手 A 与真实协议 π_{TRANS} 交互后和 S 与理想函数 F_{TRANS} 交互后的输出是不可区分的。

综上，对于任意敌手 A，存在理想过程敌手 S，使环境机 Z 不能以不可忽略的概率区分它是在与现实环境中的 A 和运行协议 π_{TRANS} 的参与方交互还是在与理想环境中的 S 和 F_{TRANS} 交互，即 $REAL_{\pi_{\text{TRANS}}, A, Z} \approx IDEAL_{F_{\text{TRANS}}, S, Z}$。

5.1.5.3　安全性与性能比较

下面对本书提出的协议与已有的典型协议进行比较。表 5-1 给出了协议间安全属性的比较，其中"√"表示满足该安全属性，"×"表示不满足该安全属性。表 5-2 给出了协议间计算与存储代价的比较，其中 Pr 表示 PRNG 运算，Po 表示按位运算，Pf 表示单向函数运算，Pc 表示冗余校验运算，Pm 表示模平方运算，Ps 表示求解二次剩余根运算，Pe 表示加解密运算，m 指文献［103］中服务器端预定义的标签 ID 的个数。表 5-2 第 2 列是统计标签需要存储的参数数量；第 4 列统计是基于 CS 数据库中有 N 个标签的情况；第 6 列是统计协议执行过程中总的信息交互次数。

表 5-1　类似协议安全属性比较

方案	双向认证	标签匿名性	抗异步攻击	后向隐私保护	前向隐私保护
文献［100］	×	×	×	×	×
文献［102］	√	√	×	×	×

续表

方案	双向认证	标签匿名性	抗异步攻击	后向隐私保护	前向隐私保护
文献［103］	√	√	×	×	√
文献［104］	√	√	√	×	×
文献［108］（开环方案）	√	√	√	×	√
本协议	√	√	√	√	√

表 5-2　类似协议性能比较

方案	T 的存储量	T 的运算量	CS 的运算量	NS 的运算量	交互次数
文献［100］	1	$3Po + Pf$	$(O(N) + 1)Po + 2Pe + O(N)Pf$	$Po + Pe$	5
文献［102］	1	$13Po + 6Pf$	$(2O(N) + 8)Po + (O(N) + 1)Pf$	$4Po + 3Pf$	7
文献［103］	3	$2Po + 7Pf$	$Po + (O(1) + m + 2)Pf$	$Po + (3 + m)Pf$	6
文献［104］	3	$6Po + Pm$	$(O(N) + 1)Po + O(N)Pm$	$5Po + Pm$	5
文献［108］（开环方案）	4	$21Po + 4Pm + 5Pr + Pc$	$(2O(N) + 5)Po + 2Ps + Pr + Pc$	$7Po + 2Ps + 3Pr$	10
本协议	2	$3Po + 3Pf + Pm$	$(O(N) + 2)Po + (O(N) + 1)Pf$	$Po + Ps + Pf$	5

从表 5-1 和表 5-2 可以看出，文献［100］和文献［102］提出的方案性能相对较高，但其安全性较差。相比文献［102］的方案，文献［103］的改进方案虽然其 CS 端的运算效率有所提高，但 CS 及 T 的存储需求有所增加，而且协议仍然无法抵抗异步攻击和无法满足后向隐私保护。文献［104］提出的方案减少了协议执行的交互次数，但该方案不能满足前向隐私保护和后向隐私保护。文献［108］提出的方案安全性有所提高，但该协议所需交互次数

最多，而且标签端的运算量和存储量也最高，因此其性能最差。此外，上述协议均未能证明其具备通用可组合安全性。

相比已有的标签所有权转移协议，本书提出的方案只有在 CS 成功认证标签 T 后才将 T 的相关信息授权给 NS，并且只有在标签 T 成功认证 CS 后，才更新其秘密，进而完成所有权的转移。此外，仅拥有 CS（或 NS）与标签 T 之间的交互信息，无法获得标签 T 的任何身份信息，也无法追踪到标签 T 的任何活动。如果该协议因被任意敌手中断而导致标签 T 的信息同步失败，那么利用 CS（或 NS）中保存的新旧秘密，协议仍可以保证标签 T 的成功认证。由于标签的原所有者 CS 无法获得 NS 和 T 之间的秘密消息 r_3，所以所有权转移后 CS 不能再识别和访问 T，而标签的新所有者 NS 无法获得所有权转移前标签 T 与原所有者 CS 之间的秘密 t，所以 NS 也不能访问所有权转移前标签 T 与原所有者 CS 之间的会话信息。因此，新方案不仅满足了双向认证、标签匿名性、抗异步攻击、前向隐私保护等安全需求，更有效地解决了已有所有权转移协议未能解决的后向隐私保护问题。此外，本书在 UC 框架下证明了新协议的安全性，使协议具备通用可组合安全性。在性能方面，新方案的计算复杂度和存储需求也相对较小，而且交互次数做到了最少。

5.2　RFID 标签组转移协议

在实际应用中，物品的所有权经常发生改变，附着在其上的 RFID 标签的所有权在其生命周期中也需要发生转移。自从 2005 年 Molnar 等首次提出 RFID 标签所有权转移协议以来，学者们已经设计了多个单标签所有权转移协议。本书 5.1 节详细分析了单标签所有权转移的安全模型，并提出了一个安全的轻量级单标签所有权转移协议。

然而，在某些应用场景需要在一次会话中完成一组标签所有权的同时转移。例如，某些特殊药品在出售时，要求与说明书同时出

售；电子产品及其配件（如电源线等）要同时出售；汽车生产商
在向批发商出售汽车时，需要保证汽车的相关零部件（如轮胎、
发动机等）同时出厂。

如果将单标签所有权转移协议直接用于一个含 N 个标签的标
签组所有权同时转移的应用场景，那么需要执行 N 次该协议才能
完成标签组的一次转移。这样实现的组转移不仅效率低下，更重要
的是，无法保证标签组所有权转移的同时性。为了实现上述需求，
需要设计一个安全的标签组所有权转移协议，简称为标签组转移
协议。

目前针对标签组转移协议的研究还比较少，且大部分已有协议
需要可信第三方的支持，而已有的无可信第三方支持的标签组转移
协议大多无法满足标签组转移的安全性需求。本节设计了一个新的
无须可信第三方支持的 RFID 标签组转移协议，该协议可以完成一
组标签所有权的同时转移，并有效地解决了已有标签组转移协议未
能解决的易受异步攻击和无法实现后向隐私保护的问题。此外，定
义了标签组转移的理想函数，并在 UC 框架下证明了新协议的安
全性。

5.2.1　相关工作

Zuo[110]于 2010 年首次提出了需要可信第三方支持的标签组所
有权转移协议，该协议能降低大量标签所有权同时进行转移时的通
信与计算负荷，并能防止双重所有权问题。然而，Jannati 等[111]指
出该协议易受到异步攻击和冒充攻击。

2011 年，Kapoor 等[31]分析了供应链环境下存在的多种标签所
有权转移的场景，并提出了一个多标签所有权同时转移协议，该协
议由可信第三方完全控制多标签所有权的转移。

2012 年，Yang[112]提出了适用于移动 RFID 系统的标签组所有
权转移协议。该协议使用动态平衡树管理标签和标签组，但该协议
不满足后向隐私保护且易遭到异步攻击。

2014 年，He 等[113]提出了一个 RFID 标签组所有权转移协议，但他们的协议同样不能保证后向隐私安全且易受到异步攻击。

5.2.2 协议模型

为了便于描述，在研究标签组转移协议时，通常将后台服务器及与其相连的读写器看作一个整体，二者统一被视为一个参与方。因此，标签组转移协议涉及以下参与方：当前所有者服务器/读写器（CS）、新所有者服务器/读写器（NS）和标签组（G），其中 $G = \{T_i \mid 1 \leqslant i \leqslant m\}$，$T_i$ 为 G 内的某个标签，m 表示 G 内标签的数量。

一般地，标签组转移要经历如下 3 个步骤。

①组认证，即 CS 认证标签组 G 中的所有标签同时存在。

②组授权，即 CS 将标签组 G 及组内标签的业务信息同时传送给 NS。

③秘密更新，即 NS 与 T_i 同步更新组秘密及标签秘密，从而安全地实现标签组 G 所有权的同时转移。

一个安全的标签组转移协议需要满足以下安全和隐私属性。

（1）匿名性

任意的敌手 A，通过截获 CS（或 NS）与标签组 G 内每个标签之间的交互信息，无法获得标签组 G 或组 G 内任意标签 T_i 的身份信息。

（2）不可追踪性

任意的敌手 A，通过截获的 CS（或 NS）与标签组 G 之间的交互信息，无法追踪到标签组 G 及组 G 内任意标签 T_i。

（3）授权访问

任意的敌手 A，在未获得 CS 授权的情况下，无法访问标签组 G 内的任意标签 T_i。

（4）双向认证

只有在 CS 成功认证 G 中每个标签 T_i 同时存在，而且每个标签

T_i 也成功认证 CS 后，才能进行标签秘密的更新，从而完成标签组 G 的所有权的转移。

（5）抗异步攻击

任意的敌手 A，通过任意手段中断标签组转移过程，使得 CS（或 NS）与标签的信息同步失败后，协议仍可以保证标签认证的再次成功，并实现信息的同步。

（6）前向隐私保护

标签组所有权转移之后，新所有者 NS 不能访问所有权转移前标签组 G 内任意标签 T_i 与原所有者 CS 之间的会话信息。

（7）后向隐私保护

标签组所有权转移之后，原所有者 CS 不能再识别标签组 G 内的任意标签 T_i，也无法访问标签组 G 内任意标签 T_i 和新所有者 NS 的会话信息。

5.2.3 协议描述

本小节提出一个符合安全和隐私保护需求的 RFID 标签组所有权转移协议 π_{GOT}，如图 5–7 所示。下面给出符号的定义（表 5–3）。

表 5–3　符号定义

符号	描述
l	参数的安全长度
$PRNG(\ )$	伪随机数生成函数
K_G	标签组密钥
K_i	T_i 的密钥
$Info(G)$	标签组 G 的相关信息
$Info(T_i)$	标签 T_i 的业务信息
$\parallel$	连接操作符
$\in_R$	随机数选择操作符
$\leftarrow$	赋值操作符
$\oplus$	异或操作符

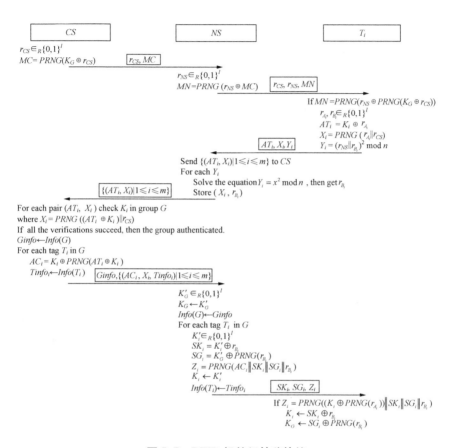

图5-7 RFID标签组转移协议

初始时，在所有者的后台数据库中，每个标签组对应一条记录 $(K_G, Info(G))$，组内每个标签对应一条记录 $(K_i, Info(T_i), K_G)$。NS 选取两个大素数 $p \in_R \{0,1\}^l$，$q \in_R \{0,1\}^{l+1}$，其中 p，$q = 3 \bmod 4$。然后计算 $n = pq$，并公开 n 给 CS。标签 T_i 中存储 K_i，K_G，n。

下面给出具体的协议描述。

（1）$CS \rightarrow NS$

CS 选取随机数 $r_{CS} \in_R \{0, 1\}^l$，计算 $MC = PRNG(K_G \oplus r_{CS})$，并向 NS 发送授权访问消息 $<r_{CS}, MC>$。

（2） $NS \rightarrow T_i$

NS 选取随机数 $r_{NS} \in_R \{0, 1\}^l$，计算 $MN = PRNG(r_{NS} \oplus MC)$，并向标签组广播消息 $<r_{CS}, r_{NS}, MN>$。

（3） $T_i \rightarrow NS$

收到 NS 的挑战消息后，T_i 验证等式 $PRNG(r_{NS} \oplus PRNG(K_G \oplus r_{CS})) = MN$ 是否成立。如果等式不成立，则终止执行。否则，T_i 随机选取 $r_{A_i} \in_R \{0, 1\}^l$，$r_{B_i} \in_R \{0, 1\}^l$，计算 $AT_i = K_i \oplus r_{A_i}$，$X_i = PRNG(r_{A_i} \| r_{CS})$，$Y_i = (r_{NS} \| r_{B_i})^2 \bmod n$，并向 NS 发送响应消息 $<AT_i, X_i, Y_i>$。

（4） $NS \rightarrow CS$

NS 接收到每个标签 T_i 的响应消息后，得到集合 $\{(AT_i, X_i, Y_i) \mid 1 \leq i \leq m\}$，并在预定时间内向 CS 发送响应消息集合 $\{(AT_i, X_i) \mid 1 \leq i \leq m\}$。然后，对每个 Y_i，NS 解方程 $Y_i = x^2 \bmod n$。根据中国剩余定理计算可得到 4 个解：x_1，x_2，x_3，x_4。如果能找到左 l 位等于 r_{NS} 的解 $x_i(1 \leq i \leq 4)$，那么该解的右 l 位即为 r_{B_i}。然后，NS 存储集合 $\{(X_i, r_{B_i}) \mid 1 \leq i \leq m\}$。否则，停止协议过程。

（5） $CS \rightarrow NS$

CS 检查收到的消息集合中消息对 (AT_i, X_i) 的数量是否与数据库中存储的待转移的标签组 G 中的标签数一致。如果数量一致则继续验证，否则，终止协议。

①对每一个消息对 (AT_i, X_i)，在标签组 G 中查找使等式 $X_i = PRNG((AT_i \oplus K_i) \| r_{CS})$ 成立的 K_i。如果每一个消息对均能找到与之对应的 K_i，则说明标签组 G 中的每个标签 T_i 是同时存在的。否则，停止协议执行。

②CS 执行命令 $Ginfo \leftarrow Info(G)$。然后，对 G 中的每个标签 T_i，计算 $AC_i = K_i \oplus PRNG(AT_i \oplus K_i)$，并执行命令 $Tinfo_i \leftarrow Info(T_i)$。最后，向 NS 发送授权转移消息 $<Ginfo, \{(AC_i, X_i, Tinfo_i) \mid 1 \leq i \leq m\}>$。

（6） $NS \rightarrow T_i$

一旦收到 CS 发送的授权转移消息，NS 查询其数据库中是否存在 $Info(G) = Ginfo$ 的 $(K_G, Info(G))$ 对，如存在，则令 $K'_G = K_G$。否则，选取随机数 $K'_G \in_R \{0,1\}^l$ 作为标签组 G 的新秘密，并更新数据库：$K_G \leftarrow K'_G$，$Info(G) \leftarrow Ginfo$。然后对 G 中的每一个标签 T_i，选取随机数 $K'_i \in_R \{0,1\}^l$，计算 $SK_i = K'_i \oplus r_{B_i}$，$SG_i = K'_G \oplus PRNG(r_{B_i})$，$Z_i = PRNG(AC_i \| SK_i \| SG_i \| r_{B_i})$，并更新数据库：$K_i \leftarrow K'_i$，$Info(T_i) \leftarrow Tinfo_i$。最后，分别向标签 T_i 发送秘密更新消息 $< SK_i, SG_i, Z_i >$。

（7） T_i

收到 NS 发送的消息后，T_i 验证 $PRNG((K_i \oplus PRNG(r_{A_i})) \| SK_i \| SG_i \| r_{B_i}) = Z_i$ 是否成立。如果等式不成立，则终止协议执行。否则，更新 $K_i \leftarrow SK_i \oplus r_{B_i}$，$K_G \leftarrow SG_i \oplus PRNG(r_{B_i})$。

为了保证标签组内所有标签全部转移，协议执行完成后可由 NS 采用安全的标签组认证协议扫描 G。如果扫描到的标签与 CS 在第（5）步中发送的标签一一对应，则表示标签组所有权转移成功。否则，需要对未成功转移的组内标签重新执行协议 π_{GOT}。

5.2.4 安全性分析

本小节首先给出 RFID 标签组所有权转移的理想函数，然后证明协议 π_{GOT} 是 UC 安全的。

5.2.4.1 理想函数 F_{GOT}

基于 RFID 标签组所有权转移的敌手模型和安全模型，本部分形式化定义标签组所有权转移的理想函数 F_{GOT}。

由于标签组 $G = (T_1, T_2, \cdots, T_m)$ 和 CS 的所属关系是标签组所有权转移的前提，因此理想函数 F_{GOT} 使用所有权集合 $\{CS, G, K_G, (T_1, t_1), (T_2, t_2), \cdots, (T_i, t_i), \cdots, (T_m, t_m)\}$ 表示 CS 和标签组 G 的所有关系。其中，K_G 为任意随机数，表示标签组 G

的组密钥；t_i 为任意随机数，表示标签 T_i 的密钥。

①一旦收到 CS 发送的消息（Init, sid, CS, NS, K_G），记录 （sid, CS, NS, K_G），其中 sid 为本次的会话标识。

②一旦收到 NS 发送的消息（Init, sid, NS, K_G），传送 （sid, Type(NS), $|K_G|$）给敌手 S，其中 Type(NS) 指参与方 NS 的类型。然后检查包含 （NS, K_G）的记录是否存在，如果记录存在，则继续执行。否则，终止执行。

③一旦收到 T_i 发送的消息（Init, sid, T_i, K_G），传送 （sid, Type(T_i), $|K_G|$）给敌手 S。

④一旦收到来自敌手 S 的认证消息（Authed, sid, CS, T_i, t_i'），检查包含 （CS, （T_i, t_i））的记录是否存在。如果记录存在，修改记录 （T_i, t_i）为 （T_i, t_i, v_i），其中 v_i 的值由下列情况决定。

a. 如果存在 $t_i' = t_i$，则令 v_i = success。

b. 如果存在 $t_i' \neq t_i$，则分两种情况：（i）如果 CS 已被攻破，由 S 决定 v_i 的值；（ii）如果 CS 没有被攻破，则令 v_i = fail。

如果修改后的所有权集合 $\{CS, G, K_G, （T_1, t_1, v_1）, （T_2, t_2, v_2）, \cdots, （T_i, t_i, v_i）, \cdots, （T_m, t_m, v_m）\}$ 中每个 v_i 的值均为 success，则记录 （Authed, sid, CS, G, success）。否则，记录 （Authed, sid, CS, G, fail）。

⑤一旦收到来自敌手 S 的认证消息（Authed, sid, T_i, CS, t_i''），检查包含 （CS, （T_i, t_i））的记录是否存在且 $t_i'' = t_i$，那么记录 （Authed, sid, T_i, CS, success），否则，记录 （Authed, sid, T_i, CS, fail）。

⑥一旦收到 CS 发送的消息（Transfer, sid, CS, NS, G），选择随机数 k，并记录 （sid, CS, NS, G, k）。

⑦一旦收到 S 发送的消息（Update, sid, NS, G, k', T_i, γ_i），检查记录 （Authed, sid, CS, G, success）、（Authed, sid, T_i, CS, success）和 （sid, CS, NS, G）是否全部存在。

a. 如果记录都存在且 NS 没有被攻破，则为该标签选择随机数

α_i，并添加记录（sid，NS，G，T_i，α_i）。如果对于 G 中每一个 T_i，都有一条记录（sid，NS，G，T_i，α_i）存在，则产生新所有权集合 $\{NS$，G，k，（T_1，α_1），（T_2，α_2），…，（T_i，α_i），…，（T_m，α_m）$\}$；然后，对于 G 中每一个 T_i，发送（Output，sid，NS，k，α_i）给 NS，并删除所有的（sid，NS，G，T_i，α_i）记录。

b. 如果记录都存在且 NS 已被攻破，则将记录（sid，CS，NS，G，k）中的 k 更新为 k'，并添加记录（sid，NS，G，T_i，γ_i）。如果对于 G 中每一个 T_i，都有一条记录（sid，NS，G，T_i，γ_i）存在，则产生新所有权集合 $\{NS$，G，k'，（T_1，γ_1），（T_2，γ_2），…，（T_i，γ_i），…，（T_m，γ_m）$\}$；然后，对于 G 中每一个 T_i，发送（Output，sid，NS，k'，γ_i）给 NS，并删除所有的（sid，NS，G，T_i，γ_i）记录。

c. 如果有一条记录不存在，则返回失败。

⑧一旦收到 S 发送的消息（Update，sid，T_i，k''，β_i），检查新所有权集合中是否存在 T_i 项：如果不存在，则返回失败；否则，得到形如 $\{NS$，G，k_G，（T_i，χ_i）$\}$ 的记录，发送（Output，sid，T_i，k_G，χ_i）给 T_i。然后，删除旧所有权集合中的 T_i 项。如果此时旧所有权集合中的标签项已不存在，则删除整个集合。

⑨如果在选择随机数 k 或 α_i 后，敌手 S 攻破了 NS，则将 k 或 α_i 发送给敌手 S。

下面证明理想函数 F_{GOT} 满足 5.2.2 节定义的安全和隐私需求。

（1）匿名性

敌手在不安全信道中仅能获得标签组密钥的长度 $|K_G|$ 和标签类型 Type(T_i)，而无法获得标签组或组内任意标签 T_i 的身份信息，这保证了标签组及标签的匿名性。

（2）不可追踪性

敌手在不安全信道中仅能获得标签组密钥的长度 $|K_G|$ 和标签类型 Type(T_i)，根据这些信息，敌手无法追踪到标签组 G 及组内任意标签 T_i。

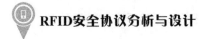

（3）授权访问

收到 NS 发送的消息（Init，sid，NS，K_G）后，F_{GOT} 首先检查记录（sid，CS，NS，K_G）是否存在。只有记录存在（即 NS 获得 CS 授权）的情况下，F_{GOT} 才继续执行。

（4）双向认证

只有在记录（Authed，sid，CS，G，success）、（Authed，sid，T_i，CS，success）全部存在时，即 CS 成功认证 G 中每个标签 T_i 同时存在，且标签 T_i 也成功认证 CS 后，F_{GOT} 才执行秘密更新操作，进而实现标签组所有权的转移。

（5）抗异步攻击

敌手 S 在执行指令（Update，sid，NS）和（Update，sid，T_i）时，可能通过各种手段使得 CS（或 NS）和标签 T_i 的信息不同步。此时，如果新所有权集合中已包含 T_i 项，则在执行指令（Update，sid，T_i）后信息会再次同步。否则，由于旧所有权集合中的 T_i 项还未被删除，所以重启理想过程仍可以保证标签 T_i 再次被成功认证。

（6）前向隐私保护

在标签组所有权转移过程中，NS 只能获得更新后的组秘密和组内标签的秘密，而无法获得原有的组秘密和组内标签的秘密。因此 NS 无法访问所有权转移前标签 T_i 与原所有者 CS 之间的会话信息。

（7）后向隐私保护

当标签组所有权成功转移之后，即指令（Update，sid，T_i）执行后，标签的原所有权集合中的 T_i 项将被清除，并且更新后的秘密对 CS 是保密的。因此，CS 不能再识别标签 T_i，也无法访问标签 T_i 和新所有者 NS 的会话信息。

5.2.4.2　UC 安全性证明

定理 5.2　协议 π_{GOT} 安全地实现了理想函数 F_{GOT}。

证明：首先，构建理想敌手 S。令 A 为与真实协议 π_{GOT} 交互的任意敌手，S 模拟 A 和运行 π_{GOT} 的各参与方的交互，具体操作如下。

①任何来自环境机 Z 的输入均被转发给 A。任何来自 A 的输出被拷贝作为 S 的输出，并被 Z 读取。

②模拟 CS 的激活。S 选择随机数 r_{CS}，并计算 $MC = PRNG(K_G \oplus r_{CS})$。

③模拟 NS 的激活。收到来自 F_{GOT} 的消息（sid，$\text{Type}(NS)$，$|K_G|$）后，S 选择随机数 r_{NS}，并计算 $MN = PRNG(r_{NS} \oplus MC)$。然后，将（$r_{CS}$，$r_{NS}$，$MN$）传给 A。

④模拟 T_i 的激活。当 A 传送（r'_{CS}，r'_{NS}，MN'）给 T_i 时，S 首先验证它在理想过程中已经收到来自 F_{GOT} 的（sid，$\text{Type}(T_i)$，$|K_G|$）。然后，S 验证等式 $PRNG(r'_{NS} \oplus PRNG(K_G \oplus r'_{CS})) = MN'$ 是否成立：如果成立，S 选择随机数 r_{A_i} 和 r_{B_i}，并将由 T_i 发送的消息（AT_i，X_i，Y_i）传给 A，其中 $AT_i = K_i \oplus r_{A_i}$，$X_i = PRNG(r_{A_i} \| r'_{CS})$，$Y_i = (r'_{NS} \| r_{B_i})^2 \bmod n$；否则，返回失败，协议终止。

⑤模拟 NS 收到 T_i 的响应消息。待 NS 收到 A 传送的所有响应消息 $\{(AT'_i, X'_i, Y'_i) \mid 1 \leqslant i \leqslant m\}$ 后，S 发送消息集合 $\{(AT'_i, X'_i) \mid 1 \leqslant i \leqslant m\}$ 给 CS。然后，S 根据 Y'_i 解得 r'_{B_i} 并存储 $\{(X'_i, r'_{B_i}) \mid 1 \leqslant i \leqslant m\}$。

⑥模拟 CS 收到要求认证的消息。当收到来自 NS 的消息集合 $\{(AT'_i, X'_i) \mid 1 \leqslant i \leqslant m\}$，$S$ 检查消息集合中消息对的数量是否与标签组 G 中标签的数量一致。如果不一致，则停止协议执行。否则，对每一个消息对（AT'_i，X'_i），在标签组 G 中查找使等式 $X'_i = PRNG((K_i \oplus AT'_i) \| r_{CS})$ 成立的 K_i。

a. 如果每一个消息对均能找到与之对应的 K_i，则传送 $< Ginfo$，$\{(AC_i, X'_i, Tinfo_i) \mid 1 \leqslant i \leqslant m\} >$ 给 NS，其中 $Ginfo = Info(G)$，$AC_i = K_i \oplus PRNG(AT'_i \oplus K_i)$，$Tinfo_i = Info(T_i)$。同时，在理想环境下，对应每个标签分别传送（$\text{Authed}$，$sid$，$CS$，$T_i$，$K_i$）给 F_{GOT}。

b. 如果存在消息对没有找到对应的 K_i，则返回认证失败，协议终止。同时，在理想环境下，对应每个标签分别传送（Authed，sid，CS，T_i，t_i'）给 F_{GOT}，其中 t_i' 为 S 选择的任意随机数。

⑦模拟 NS 发送更新秘密的消息。S 转发从 NS 收到的（SK_i，SG_i，Z_i）给敌手 A，其中 $SK_i = k_i \oplus r_{B_i}'$，$SG_i = k_G \oplus PRNG(r_{B_i}')$，$Z_i = PRNG(AC_i \| SK_i \| SG_i \| r_{B_i}')$，且 k_i 和 k_G 为 S 选择的任意随机数。

⑧模拟标签 T_i 收到更新秘密的消息。当 A 传送消息（SK_i'，SG_i'，Z_i'）给标签 T_i 时，T_i 判断等式 $PRNG((K_i \oplus PRNG(r_{A_i}))\| SK_i' \| SG_i' \| r_{B_i}) = Z_i'$ 是否成立。

a. 如果等式不成立，返回认证失败，协议终止。同时，在理想环境下，传送（Authed，sid，T_i，CS，t_i''）给 F_{GOT}，其中 t_i'' 为 S 选择的任意随机数。

b. 如果等式成立，计算 $k_i = SK_i' \oplus r_{B_i}$，$k_G = SG_i' \oplus PRNG(r_{B_i})$。在理想环境下，$S$ 先传送（Authed，sid，T_i，CS，K_i）给 F_{GOT}，然后再传送（Update，sid，NS，G，k_G，T_i，k_i）给 F_{GOT}。一旦 F_{GOT} 传送了 Output 消息给 NS，S 也立即传送该消息。最后，更新 T_i 的密钥和组密钥为：$K_i \leftarrow k_i$，$K_G \leftarrow k_G$。同时，在理想环境下，传送（Update，sid，T_i，k_G，k_i）给 F_{GOT}。一旦 F_{GOT} 传送了 Output 消息给 T_i，S 也立即传送该消息。

⑨模拟 CS（或 NS）被攻破：如果敌手 A 攻破了 CS（或 NS），那么在理想环境下，S 也攻破了同样的参与方，并且把被攻破参与方的相应内部数据发送给敌手 A。

然后，分析模拟器 S 的有效性，即对于环境机 Z 而言，理想函数 F_{GOT} 和真实协议 π_{GOT} 是不可区分的。

下面定义事件 NSC 和 CSC。事件 NSC 表示 NS 被攻破的事件，也就是在 NS 和标签 T_i 更新秘密之前，敌手 A 攻破了 NS。在理想环境下，事件 NSC 表示在 S 发送 Update 指令之前，模拟的 A 攻破参与方 NS 的事件。事件 CSC 表示 CS 被攻破的事件，也就是在 CS

认证标签组 G 之前，敌手 A 攻破了 CS。在理想环境下，事件 CSC 表示在 S 发送（Authed，sid，CS，T_i，t'_i）指令之前，模拟的 A 攻破参与方 CS 的事件。根据 UC 框架的设定，事件 NSC 和 CSC 不会同时发生。

引理 5.2 无论事件 NSC 发生与否，对于环境机 Z 而言，理想函数 F_{GOT} 和真实协议 π_{GOT} 都是不可区分的。

当事件 NSC 发生时，事件 CSC 不会发生。那么，在现实环境中，对于环境机 Z 而言，敌手 A 和真实协议 π_{GOT} 交互后，输出的值为 k_i 和 k_G，其中 $k_i = SK'_i \oplus r_{B_i}$，$k_G = SG'_i \oplus PRNG(r_{B_i})$。而在理想环境中，在更新秘密阶段，在 S 中模拟的现实敌手 A 用指令（Update，sid，NS，G，k_G，T_i，k_i）传送同样的 k_i 和 k_G 给 F_{GOT}，并最后由 F_{GOT} 输出 k_i 和 k_G 给 NS。同样，在执行指令（Update，sid，T_i，k_G，k_i）后，标签 T_i 也得到了同样的 k_i 和 k_G。因此，对于环境机 Z 而言，在 NSC 发生时，真实协议 π_{GOT} 和理想函数 F_{GOT} 的输出是完全相同的。

当事件 NSC 没有发生时，无论事件 CSC 是否发生，在现实环境中，对于环境机 Z 而言，敌手 A 和真实协议 π_{GOT} 交互后，输出的值为 K'_i 和 K'_G，其中 $K'_i \in_R \{0,1\}^l$，$K'_G \in_R \{0,1\}^l$。而在理想环境中，在 S 中模拟的现实敌手 A 与理想函数 F_{GOT} 交互后，由 F_{GOT} 输出 k_i 和 k_G 给 NS 与 T，其中 k_i 和 k_G 均为随机数。由于随机数 K'_i，K'_G，k_i 和 k_G 是不可区分的，因此，对于环境机 Z 而言，在 NSC 没有发生时，敌手 A 与真实协议 π_{GOT} 交互后的输出和 S 与理想函数 F_{GOT} 交互后的输出也是不可区分的。

引理 5.3 无论事件 CSC 发生与否，对于环境机 Z 而言，理想函数 F_{GOT} 和真实协议 π_{GOT} 都是不可区分的。

根据引理 5.1，无论事件 CSC 发生与否，对于环境机 Z 而言，理想函数 F_{GOT} 和真实协议 π_{GOT} 都是不可区分的。

综上，对于任意现实敌手 A，存在理想过程敌手 S，使得环境机 Z 不能以不可忽略的概率区分它是在与现实环境中的 A 和运行

协议 π_{GOT} 的参与方交互还是在与理想环境中的 S 和理想函数 F_{GOT} 交互，即 $REAL_{\pi_{GOT},A,Z} \approx IDEAL_{F_{GOT},S,Z}$。根据定义 2.9，定理 5.2 得证。

5.2.5 安全性与性能比较

本小节对本章提出的协议与已有的典型协议进行比较。表 5-4 给出了协议间安全和隐私属性的比较，其中"√"表示满足该安全属性，"×"表示不满足该安全属性。表 5-5 给出了协议间性能的比较，其中 Pr 表示 PRNG 运算，Pc 表示 CRC 运算，Ph 表示单向 Hash 函数运算，Pm 表示模平方运算，Ps 表示求解二次剩余根运算，Pe 表示加解密运算。运算量统计是基于每个标签组内标签个数为 M 的情况。

表 5-4　安全和隐私属性比较

方案	匿名性	不可追踪性	双向认证	授权访问	抗异步攻击	前向隐私保护	后向隐私保护
文献[108]（开环方案）	√	√	√	×	√	√	×
文献[112]	√	√	√	√	×	√	×
文献[113]	√	√	√	√	×	√	×
本协议	√	√	√	√	√	√	√

表 5-5　性能比较

方案	T_i 存储量	T_i 的计算量	CS 的计算量	NS 的计算量	交互次数
文献[108]（开环方案）	4	4Pm + 5Pr + Pc	$2MPs + MPr + MPc$	$2MPs + 3MPr$	$10M$
文献[112]	4	3Pe	$9MPe$	$4MPe$	$5M + 1$

续表

方案	T_i 存储量	T_i 的 计算量	CS 的计算量	NS 的 计算量	交互 次数
文献[113]	4	9Ph	$(4M+1)$Ph	$(3M+1)$Ph	$3M+5$
本协议	3	6Pr + Pm	$M[1+O(M)/2]$Pr + Pr	$(2M+1)$Pr + MPs	$2M+4$

　　从表 5-4 和表 5-5 可以看出，文献［112］和文献［113］提出的方案性能相对较高，但两个方案均无法抵抗异步攻击，也无法满足后向隐私保护。作为单标签所有权转移协议，文献［108］提出的方案用于标签组所有权转移时，协议的交互次数明显增多且运算量相对较大。因此，该方案效率最低。我们提出的新协议不仅满足了匿名性、不可追踪性、授权访问、前向隐私保护等安全需求，更有效地解决了已有标签组转移协议存在的易受异步攻击和无法实现后向隐私保护的问题。此外，本章还证明了新协议具备通用可组合安全性。在性能方面，新方案的计算复杂度相对较低，且标签端存储量和实体间交互次数也较少。

5.3　本章小结

　　近年来，RFID 技术已被广泛地应用在各种场景。然而，由于标签资源有限且运行在开放的无线通信环境下，因此保证系统的安全和隐私性是设计 RFID 应用协议时需要考虑的重点问题。

　　本章对 RFID 标签所有权转移协议的交互模型和安全模型进行了分析与描述，设计了轻量级 RFID 标签所有权转移协议 π_{TRANS}。然后，在通用可组合安全框架下，形式化定义了理想函数 F_{TRANS}，并证明了协议 π_{TRANS} 安全地实现了理想函数 F_{TRANS}。

　　针对一组 RFID 标签的所有权需要同时转移的实际问题，本章也详细地分析和描述了标签组转移方案的交互模型与安全模型。在此基础上，设计了一个安全、高效的轻量级 RFID 标签组转移协议。随后在 UC 框架下，形式化地证明了新协议的安全性。

6　基于云的 RFID 安全协议

在前面的章节中，我们详细地分析并设计了传统系统架构下的 RFID 安全协议。然而，随着物联网的不断发展，RFID 技术的应用场合越来越广，RFID 系统的应用规模也越来越大。在某些应用中，随着需要管理的物品数量的不断增加，后台服务器需要存储和管理的标签数量也在不断增长。为此，标签所有者必须维护庞大且昂贵的 IT 基础设施，这对资源和人员有限的中小企业来说是一个不小的负担。

云计算是基于服务的计算模型，具有可扩展性及强大的存储能力，而且通常配置有强大计算能力的硬件和专业的维护团队。在云计算环境下，用户可以以灵活的方式按需获得计算和存储服务[114]。一般用户，特别是中小企业用户，仅需要按需租用资源并支付租赁费用就可以得到相应的服务，这可以大大削减企业的支出，避免较大的前期投资。云计算平台已经成为下一代网络最有发展前途的服务平台[115]。

近年来，许多学者开始研究云计算环境下的 RFID 系统结构[116-119]。在这类系统中，云服务器取代了传统架构中的后台服务器，标签信息的存储和管理由云服务器来完成。然而，云服务器通常被认为是半可信的，即云服务器会诚实地执行协议，但会对存储的数据好奇。因此用户在云服务器上存储信息时，必须将这些信息进行加密，以防止用户的信息遭到泄露。然而，传统的 RFID 安全协议通常假设后台服务器是绝对可信的，因此这些协议无法直接在云计算环境下使用。目前，构建适用于云计算环境的 RFID 协议已经成为近期 RFID 安全协议领域的研究热点，一些基于云的 RFID

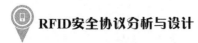

安全协议也被陆续提出。

本章首先详细描述了云计算环境下标签所有权转移协议的安全架构，并提出了相关的安全与隐私需求。然后，提出了云计算环境下无须可信第三方支持的 RFID 标签所有权转移协议。新协议具备原子性，不会产生很多传统标签所有权转移方案具有的双重所有权问题。此外，通过采用代理重加密机制，无须标签的新所有者参与，半可信的云服务器即可将标签的业务信息安全地转移给新所有者，从而减少了协议的交互次数。最后，在 UC 框架下，设计了理想的基于云的标签所有权转移函数，并证明了提出的协议满足设计目标及安全需求。由于使用了云服务，与传统方案相比，我们的方案在大规模标签应用的场景下具有可扩展性，也更经济。

6.1　相关工作

自从提出基于云的 RFID 系统架构以来，学者们已经设计了多个基于云的 RFID 安全协议，这些协议大部分都侧重于解决基于云的 RFID 认证过程中存在的安全和隐私保护问题。

Bingöl 等[120]提出了一个基于云服务的 RFID 匿名认证协议。协议通过使用门限密码机制来防止因服务器端被攻陷而导致的密钥泄露，也就是说，协议保证即使服务器被攻陷，敌手也无法通过之前获得的认证信息追踪标签。然而，该方案仅认证了标签的合法性，而无法具体识别某一个特定标签。而且一旦捕获任意两个标签，敌手便可以获得相应的秘密分享，从而计算出主密钥。

Kardas 等[121]通过扩展文献［122］和文献［123］描述的传统RFID 系统安全与隐私保护模型，提出了基于云的 RFID 系统安全与隐私保护模型。随后，基于 PUF 和 Hash 函数，提出了基于云的RFID 认证协议。但是，在该协议中，由于读写器的身份标识符采用明文传输，使得读写器易于被敌手追踪。此外，协议中系统的主密钥也没有得到充分保护，易于被半可信的云获得，从而导致系统的隐私信息遭到泄露。

Xie 等[124]提出了一个可防止标签或读写器的隐私信息泄露给云服务器的 RFID 认证协议。该协议在云服务器端建立了一个加密的 Hash 表，并通过虚拟的私人网络代理建立安全的后端通信信道，从而使得读写器可以匿名访问云服务器。然而，Abughazalah 等[125]指出 Xie 等的方案易于受到读写器冒充攻击，且标签易被追踪。虽然 Abughazalah 等通过在认证过程中更新标签密钥改进了 Xie 等的方案，但改进后的协议仍然无法避免标签易被追踪的风险。

Chen 等[126]提出了一个保护隐私信息的 RFID 认证协议。该协议采用树形结构来管理标签和云数据库，从而降低标签查询的计算复杂度。但是，他们的协议无法抵抗异步攻击。

Lin 等[127]针对基于云的 RFID 供应链系统架构，提出了适用于供应链环境的认证协议和所有权转移协议。然而，该协议将标签身份和密钥等信息直接以明文的方式存储在云服务器中，没有考虑到云的半可信特征。此外，该协议还需要一个可信第三方来实现所有权的转移，增加了协议中密钥管理的复杂度。

6.2 云模式下的 RFID 系统模型

6.2.1 云模式下的 RFID 系统架构

随着云计算的迅速发展，基于云服务来构建 RFID 系统已经成为一种新的趋势。特别是对一些中小企业来说，租用云服务比自己购买和维护一个服务器集群要节省成本，并且稳定性更好。对于基于云的 RFID 系统来说，不同的应用场景有不同的功能需求，但总体来说这类系统的基本架构如图 6-1 所示。在基于云的 RFID 系统中，数据的存储和计算从后台服务器迁移到了云服务器，固定或移动的读写器可以通过本地计算机网络或移动通信网络随时随地访问云服务器。

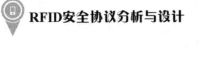

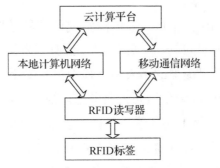

图 6-1　基于云的 RFID 系统架构

与传统的 RFID 系统相比，基于云的 RFID 系统有很多优势。首先，RFID 标签可以随时随地被合法的读写器识别和认证。其次，对大多数中小企业来说，可以按需租用云服务，这种资源的部署方式比自己维护后台服务器更经济和高效。此外，对于大规模的 RFID 系统来说，云服务器具有更好的鲁棒性和可用性。

6.2.2　安全威胁

云计算模式的本质特征是数据所有权和管理权的分离，即用户将数据迁移到云上，失去了对数据的直接控制权，需要借助云计算平台实现对数据的管理。因此，云计算模式的引入带来了很多新的安全问题和挑战。[128]

（1）特权用户安全威胁

在云环境下，数据的存储、处理等全部在云平台上完成，用户失去了对自己数据和计算的控制权。恶意管理员（如云平台管理员、虚拟镜像管理员、系统管理员、应用程序管理员等）可利用自己的特权窃取用户的隐私数据。例如，云平台管理员可以非法转储虚拟机内存并分析其中的用户数据。而且由于这些管理员属于云平台的受信任实体，仅用传统的安全策略无法防范其恶意攻击。

（2）云自身的漏洞

由于了解云的组织结构和应用程序特点，恶意内部人员可轻易地利用其中的漏洞实施恶意攻击。例如，在云环境下，部署在不同区域的多服务器中的程序同步消息会明显比传统的处于同一区域的本地服务器程序的同步过程要慢，恶意内部人员就可利用这一时间差窃取数据，从而非法获得利益。

（3）复杂的数据资源和访问接口

在云环境下，用户和资源的关系是动态变化的，云服务提供商和用户往往并不在相同的安全域中，用户使用的访问终端也是多种多样的，需要动态访问控制。基于传统的安全认证并不能防止内部人员作恶，如恶意管理员可偷窥到用户正在访问的虚拟机的 URL 并可直接利用此 URL 进入虚拟机。

因此，数据安全及隐私保护问题已经成为用户使用云服务时担忧的重点问题。当用户将一些敏感信息存储在云服务器上时，保证这些数据的机密性对用户来说至关重要，而用户的身份、位置等隐私信息也成为用户使用云服务时关心的问题。也就是说，用户既希望能充分利用和发挥云服务的健壮性与随时随地服务的优势，同时又希望能够保证访问的匿名性和数据的安全性。

目前，针对这些新型的云计算模式内部威胁风险，研究人员提出了很多的解决办法。由于云模式的实质是数据所有权和控制权的分离，即用户丧失了对其数据的直接管理权，因此，只要用户在客户端把数据加密以后再存储到云端，这样数据的控制权就能完全掌握在用户手中。因为这时数据的解密密钥在用户手里，而服务商只能看到密文。这种思路被称为"用户可控的数据加密"。具体地，从是否依赖云服务商的角度可分为不依赖云服务提供商的用户数据加密和依赖云服务提供商的用户数据加密两类。不依赖云服务提供商的用户数据加密对云服务商透明，用户数据加密不需要云服务提供商配合。而依赖云服务提供商的用户数据加密需要云服务提供商配合，如客户端和云端双层加密需要云服务商执行多用户密文访问控制加密，硬件层配合客户端加密需要云平台硬件层提供加解密密码协处理器。虽然这个方案需要云服务商配合，但由于数据上传到云平台之前已加密，因此仍可有效确保数据的安全性。

6.3 基于云的 RFID 认证协议分析

6.3.1 Bingöl 等的协议分析

2012 年，Bingöl 等[120]首次提出基于云的 RFID 匿名认证协议。该协议利用门限密码方案来实现云服务器和标签之间的双向认证，并且在标签密钥遭泄露或云服务提供商不可信的情况下，敌手无法根据之前的会话消息追踪标签。图 6-2 为基于（2，n）门限密码的协议流程。协议涉及 3 类实体：云服务器、标签、可信第三方。由可信第三方完成系统参数选择、多项式设置等初始化任务，并通过安全信道将秘密分享传给独立的多个参与方。

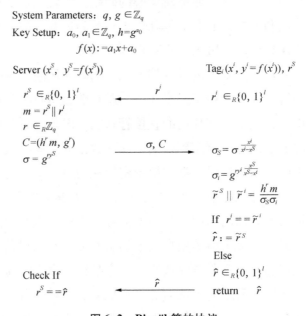

图 6-2 Bingöl 等的协议

经分析，该协议存在以下问题：首先，协议使用的门限密码方案具有较高的计算开销，这使得协议不适合使用低成本标签的RFID 系统。其次，方案使用了（2，n）门限密码，每个标签和读写器都持有密钥的一个分享，任意两个分享就可以恢复出完整的密钥。因此，只要敌手俘获系统中的任意两个标签，就可能恢复出完整的密钥，从而能够仿冒读写器认证其他标签。

6.3.2 Xie 等的协议分析

Xie 等[124]于 2013 年提出了一个基于云的 RFID 认证协议。该协议利用 VPN 代理在读写器和云服务器之间建立了安全信道，并实现了读写器对云服务器的匿名访问。该方案使用表 6-1 所示的加密 Hash 表（EHT）来存储数据，以确保存储在云服务器上的数据的机密性。EHT 中存储加密后的标签的相关信息，并通过由标签 *ID* 和读写器 *ID* 计算的 Hash 摘要进行索引。协议执行流程如图 6-3 所示。

表 6-1　加密 Hash 表

索引	标签信息
H(RID∥TID∥SID)	E(RID∥TID∥SID∥Data)
…	…

初始化阶段，读写器将其标识 R 和初始的 S（用于同步读写器和标签会话的计数器）写入标签，同时在 EHT 中增加该标签的表项 {H(R∥T∥S)，E(R∥T∥S)}。协议执行的具体步骤如下。

①读写器获得 T 和 S。

②读写器验证标签。

③检查标签和 EHT 中 S 的同步性。

④更新云服务器中的 EHT 表。

⑤标签认证读写器并修改 S 的值。

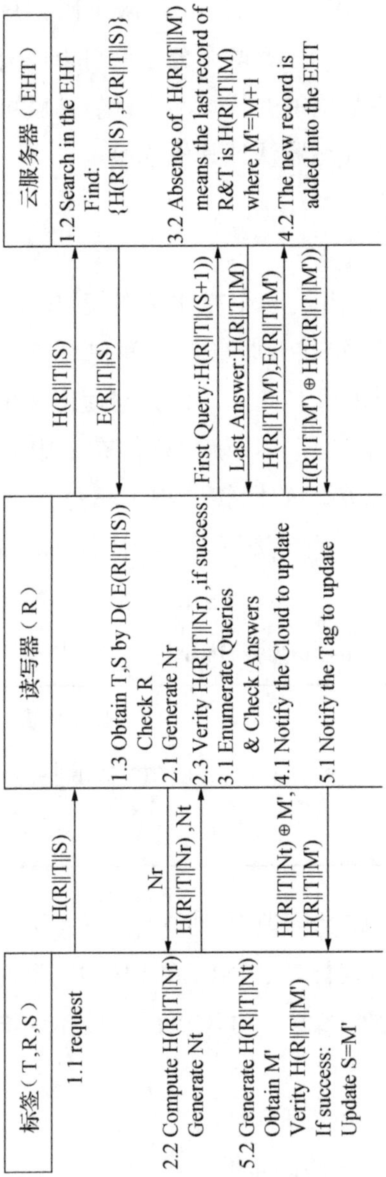

标签（T,R,S）		读写器（R）		云服务器（EHT）
	H(R‖T‖S)		H(R‖T‖S)	1.2 Search in the EHT
1.1 request	→		→	Find:
		1.3 Obtain T,S by D(E(R‖T‖S))	E(R‖T‖S)	{H(R‖T‖S) ,E(R‖T‖S)}
		Check R	←	
	Nr	2.1 Generate Nr		3.2 Absence of H(R‖T‖M')
2.2 Compute H(R‖T‖Nr)	←			means the last record of
Generate Nt	H(R‖T‖Nr) ,Nt	2.3 Verity H(R‖T‖Nr) ,if success:	First Query:H(R‖T‖(S+1))	R&T is H(R‖T‖M)
	→	3.1 Enumerate Queries	Last Answer:H(R‖T‖M)	where M'=M+1
5.2 Generate H(R‖T‖Nt)		& Check Answers	←	
Obtain M'			H(R‖T‖M'),E(R‖T‖M')	4.2 The new record is
Verity H(R‖T‖M')	H(R‖T‖Nt) ⊕ M',	4.1 Notify the Cloud to update	←	added into the EHT
If success:	H(R‖T‖M')		H(R‖T‖M') ⊕ H(E(R‖T‖M'))	
Update S=M'	←	5.1 Notify the Tag to update	→	

图 6–3 **Xie** 等的协议

经分析，该协议存在容易被追踪的安全问题：首先，在成功更新计数器前，标签每次发送的消息 H（R∥T∥S）是固定不变的，因此，在下一次成功认证前，标签很容易被非法追踪。其次，每次收到读写器发送的随机数 Nr 之后，标签都会发送响应消息 H（R∥T∥Nr）给读写器，而读写器的标识 R 和标签的标识 T 是不变的，因此，无论标签有没有更新计数器 S，攻击者只要冒充读写器每次发送相同的随机数 Nr，就可以根据响应消息来追踪标签。

6.4 云模式下 RFID 标签所有权转移协议设计

本节首先描述云计算环境下 RFID 标签所有权转移协议架构。然后，根据敌手能力，提出云计算环境下 RFID 标签所有权转移协议的安全和隐私需求。

6.4.1 交互模型

云计算环境下 RFID 标签所有权转移协议由 4 个实体组成：待转移标签、旧所有者、新所有者和云服务器。协议具有以下假设。

①假设云服务器是半可信的，即云服务器诚实地运行协议并保证云服务器中存储的数据的完整性，但云对存储的数据又是好奇的。

②由于云服务器和标签所有者均具有较强的计算能力，且二者均可使用任意对称或非对称加解密算法，因此假设云和新旧所有者之间的通信信道是安全的。同理，假设标签新旧所有者之间的通信信道也是安全的。

图6-4描述了云计算环境下 RFID 标签所有权转移架构。在该架构中，由于云服务器是半可信的，因此标签所有者需要将标签的相关信息先进行加密才可以存储到云服务器，以确保云服务器无法

获得某个标签的隐私信息。此外，标签所有者本身不存储标签的详细信息，它通过访问云服务器，从云服务器处获取并管理他所拥有的标签的详细信息。

图 6-4　云计算环境下 RFID 标签所有权转移架构

6.4.2　安全与隐私需求

与传统的 RFID 标签所有权转移架构不同，我们在分析云计算环境下标签所有权转移的安全与隐私保护需求时，除了要考虑一些基本的 RFID 安全和隐私需求，如匿名性、不可追踪性、认证性等，还需要考虑云服务器不完全可信这一因素。因此，首先需要保证存储在云服务器中的数据的机密性，而且还要保证云服务器在处理标签信息时也不能获得标签的秘密信息[128]。具体地，一个云计算环境下安全的 RFID 标签所有权转移协议应该满足下述安全和隐私需求。

（1）标签匿名性

任意敌手和云服务器都无法获得标签的真实身份信息。否则，敌手将可以访问标签，从而泄露标签的隐私信息。

（2）不可追踪性

任意敌手和云服务器通过窃听或其他方式获得的通信信息都无法追踪标签。这就要求在每轮会话中标签的响应信息都没有关联，且各个标签的响应消息也是不可区分的。

（3）双向认证

只有标签所有者认证了标签，同时标签也成功认证了它的所有者，标签的所有权才能被成功转移。

（4）云数据机密性

只有标签的所有者才能访问存储在云数据库中与标签相关的信息。任意敌手和云服务器都无法访问标签信息。

（5）抗异步攻击

在所有权转移过程中，敌手可能中断读写器与标签之间的通信，或者利用一些手段试图欺骗标签更新其密钥，即使在这种情况下，协议也应该确保标签仍然能被成功认证。

（6）前向安全性

在标签所有权转移后，新所有者不能访问标签和旧所有者之间的交互信息。

（7）后向安全性

一旦标签所有权转移给了新所有者，旧所有者就不能再识别该标签，也不能访问该标签与新所有者之间的交互信息。

（8）UC 安全性

由于 RFID 协议通常运行在复杂且不可预知的环境中，因此，对一个可被证明为安全的 RFID 协议来说，无论是作为一个协议的子协议运行还是作为独立协议与其他协议并发运行，该协议能保持其原有的安全性非常重要。

6.4.3 协议描述

本小节提出一个适用于云计算环境下的 RFID 标签所有权转移协议 π_{COT}，如图6-5所示。下面首先简要介绍协议的设计思路，然后给出具体的协议步骤描述。协议中使用的符号定义如表 6-2 所示。

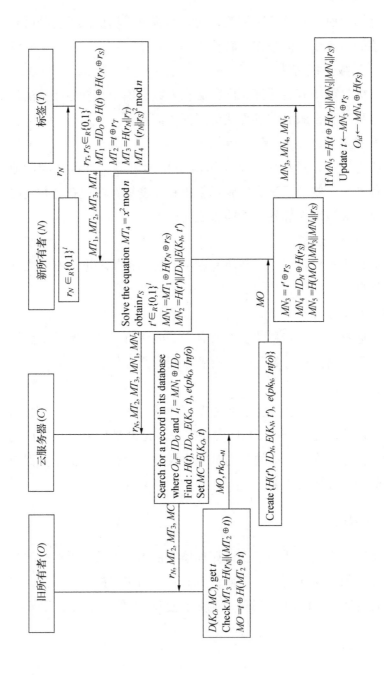

图6-5 基于云的标签所有权转移协议

表6-2 符号定义

符号	定义
C, O, N	分别表示云服务器、旧所有者和新所有者
T	表示待转移所有权的标签
l	参数的安全长度
$H(\ )$	安全的 Hash 函数，$H: \{0,1\}^* \rightarrow \{0,1\}^l$
OID, ID_O	旧所有者的真实身份及盲化的身份信息 $H(OID)$
NID, ID_N	新所有者的真实身份及盲化的身份信息 $H(NID)$
K_O	旧所有者的密钥
K_N	新所有者的密钥
O_{id}	用于存储盲化的所有者身份信息的变量
t	标签的密钥，仅为标签所有者所知
$E(k, m)$	对称加密算法，其中 k 为对称密钥，m 为明文
$D(k, c)$	对称解密算法，其中 k 为对称密钥，c 为密文
(pk_O, sk_O)	旧所有者的公私钥对
(pk_N, sk_N)	新所有者的公私钥对
$rk_{O \rightarrow N}$	代理重加密密钥，由旧所有者生成
$e(pk, m)$	非对称加密算法，其中 pk 为公钥，m 为明文
$d(sk, c)$	非对称解密算法，其中 sk 为私钥，c 为密文
$\mathrm{ReEnc}(rk, c)$	代理重加密算法，其中 rk 为代理重加密密钥，c 为密文

新协议由两部分组成：初始化部分和所有权转移部分。在初始化部分，所有的参与方都存储各自对应的身份信息、密钥信息及协议运行所必需的其他信息。特别地，旧所有者将其所拥有的标签的信息加密，并将它们存储在云服务器中。所有权转移部分由认证、授权和秘密更新 3 个阶段组成。

（1）认证

收到来自待转移标签的认证消息后，新所有者生成该标签的新秘密，并将这些消息安全地传送给云服务器。一旦收到来自新所有者的消息，云服务器在其数据库中查询与该标签相关的信息。如果查找成功，则将查找到的标签的秘密信息和新所有者传送的标签认证信息一起传送给旧所有者。利用这些消息，旧所有者对标签进行认证。如果认证成功，则生成给标签的反馈消息。否则，认证失败，协议终止。

（2）授权

旧所有者成功认证待转移标签后，云服务器即可为标签创建新所有权关系。本阶段采用了代理重加密机制，以防止标签信息的泄露。

（3）秘密更新

首先，新所有者将其身份信息和标签的新密钥传送给标签。然后，收到更新消息后，标签更新其密钥及所有者身份信息。

下面给出具体的协议描述。

（1）初始化部分

在云服务器中创建数据库以存储标签信息，数据库中的记录由以下数据项组成：$(I_t, O_{id}, T_s, T_{info})$。其中，$I_t$ 存储标签密钥的 Hash 值，O_{id} 存储盲化的标签所有者身份信息，T_s 存储加密的标签密钥，T_{info} 存储由当前所有者加密的标签业务信息。表6-3 给出了云服务器中存储的记录结构和一个示例。标签新所有者随机选取两个大素数 p 和 q，其中 $p \in_R \{0, 1\}^l$，$q \in_R \{0, 1\}^{l+1}$ 且 p，$q = 3 \bmod 4$。然后计算 $n = pq$ 并将 n 安全地传给旧所有者。旧所有者再将 n 秘密地写到待转移标签中。随后，旧所有者执行代理重加密密钥生成算法产生代理重加密密钥 $rk_{O \to N}$。

表6-3 云服务器中的记录结构

字段名	I_t	O_{id}	T_s	T_{info}
示例	$H(t)$	ID_O	$E(K_O, t)$	$e(pk_O, Info)$

经过初始化，旧所有者存储 OID，ID_O，(pk_O, sk_O)，$rk_{O \to N}$ 等信息。新所有者存储 NID，ID_N，(pk_N, sk_N) 等信息。标签存储 t，

O_{id}，n，其中 $O_{id} = ID_O$。云服务器存储标签信息和新旧所有者的盲化的身份信息及公钥信息等。

（2）标签所有权转移部分

1）$N \rightarrow T$

N 随机选取 $r_N \in_R \{0, 1\}^l$，并将其传送给标签 T。

2）$T \rightarrow N$

T 随机选取 $r_T \in_R \{0, 1\}^l$ 和 $r_S \in_R \{0, 1\}^l$，并计算 $MT_1 = ID_O \oplus H(t) \oplus H(r_N \oplus r_S)$，$MT_2 = t \oplus r_T$，$MT_3 = H(r_N \| r_T)$，$MT_4 = (r_N \| r_S)^2 \bmod n$。然后，传送 MT_1，MT_2，MT_3，MT_4 给 N。

3）$N \rightarrow C$

①N 解方程 $MT_4 = x^2 \bmod n$。由二次剩余属性可知，该方程有 4 个互不相同的解：x_1，x_2，x_3，x_4。如果存在解 $x_i (1 \leq i \leq 4)$，其左 l 位为 r_N，那么该解的右 l 位即为 r_S。否则，协议终止。

②N 随机选取 $t' \in_R \{0, 1\}^l$，计算 $MN_1 = MT_1 \oplus H(r_N \oplus r_S)$，$MN_2 = H(t') \| ID_N \| E(K_N, t')$。然后，发送 r_N，MT_2，MT_3，MN_1，MN_2 给 C。

4）$C \rightarrow O$

C 在其数据库中查找满足等式 $O_{id} = ID_O$ 且 $I_t = MN_1 \oplus ID_O$ 的数据记录。如果找到记录 $(H(t), ID_O, E(K_O, t), e(pk_O, Info))$，则令 $MC = E(K_O, t)$，并传送 r_N，MT_2，MT_3，MC 给 O。否则，协议终止。

5）$O \rightarrow C$

①收到来自 C 的消息后，O 使用密钥 K_O 解密 MC 得到 t。

②验证等式 $MT_3 = H(r_N \| (MT_2 \oplus t))$ 是否成立。如果验证成功，则 O 成功认证了标签 T 且消息 MT_2，MT_3 的完整性也得到了确认。否则，协议终止。

③最后，O 计算 $MO = t \oplus H(MT_2 \oplus t)$，并发送 MO，$rk_{O \rightarrow N}$ 给 C。

6）$C \rightarrow N$

利用代理重加密密钥 $rk_{O \rightarrow N}$，C 执行代理重加密算法 $ReEnc(rk_{O \rightarrow N},$

T_{info}），其中 $T_{info} = e(pk_O，Info)$，从而获得密文 $e(pk_N，Info)$。随后 C 在其数据库中创建新记录（$H(t')$，ID_N，$E(K_N，t')$，$e(pk_N，Info)$），该记录存储标签 T 及其新所有者的相关信息。最后，C 传送 MO 给 N。

7）$N{\rightarrow}T$

一旦收到来自 C 的消息，N 计算 $MN_3 = t' \oplus r_S$，$MN_4 = ID_N \oplus H(r_S)$，$MN_5 = H(MO \parallel MN_3 \parallel MN_4 \parallel r_S)$，并发送消息 MN_3，MN_4，MN_5 给 T。

8）T

T 验证等式 $MN_5 = H((t \oplus H(r_T)) \parallel MN_3 \parallel MN_4 \parallel r_S)$ 是否成立。如果验证成功，则消息 MN_3，MN_4，MN_5 的完整性得到了确认。随后，T 更新 t 和 O_{id} 的值为：$t = MN_3 \oplus r_S$，$O_{id} = MN_4 \oplus H(r_S)$。

最后，N 测试其新所有权，如果测试成功，通知 C 删除旧所有权以减少冗余信息。

6.4.4 安全性分析

本小节在 UC 框架下证明新协议的安全性。首先提出基于云的标签所有权转移理想函数 F_{COT}，然后证明协议 π_{COT} 安全地实现了 F_{COT}。

6.4.4.1 理想函数 F_{COT}

F_{COT} 的执行涉及的参与方有 C，O，N，T 和敌手 S，其中符号 C，O，N 与 T 分别表示云服务器、标签旧所有者、标签新所有者和待转移标签。F_{COT} 随机选取 ID_O 和 ID_N 分别表示 O 和 N 的身份信息，然后在其内存存储（O，ID_O，T，t，$Info(T)$），其中 t 为一个随机数，$Info(T)$ 表示标签 T 的业务信息。

①一旦收到来自 N 的消息（Init，sid，N），发送（sid，Type(N)）给 S。一旦收到来自 T 的消息（Init，sid，T），发送（sid，Type(T)）给 S。一旦收到来自 C 的消息（Init，sid，C），发送（sid，Type(C)）给 S。一

且收到来自 O 的消息 (Init, sid, O)，发送 $(sid, \text{Type}(O))$ 给 S。

②一旦收到来自 S 的消息（Authed-OT，sid，k），验证是否存在记录（O，ID_O，T，t，$Info(T)$）。

a. 如果记录存在且 $k = t$，则记录（Authed，sid，O，T，success）。

b. 如果记录存在且 $k \neq t$，则检查 O 是否被攻破：如果 O 已被攻破，则让 S 来决定认证是否成功。否则，记录（Authed，sid，O，T，fail）。

c. 否则，记录（Authed，sid，O，T，fail）。

③一旦收到来自 S 的消息（Authed-TO，sid，k'），验证是否存在记录（O，ID_O，T，t，$Info(T)$）：如果记录存在且 $k' = t$，则记录（Authed，sid，T，O，success）。否则，记录（Authed，sid，T，O，fail）。

④一旦收到来自 C 的消息（Transfer，sid，O，N，T），记录（sid，O，N，T）。如果 S 攻破了 C，则将 $Info(T)$ 的长度值传送给 S。

⑤一旦收到来自 S 的消息（Create，sid，N，β），验证是否存在记录（Authed，sid，O，T，success），（Authed，sid，T，O，success）和（sid，O，N，T）。

a. 如果上述所有记录均存在且 N 未被攻破，则选取随机数 α，并在内存记录（N，ID_N，T，χ，$Info(T)$），其中 $\chi = \alpha$。随后，发送（Output，sid，N，α）给 N。

b. 如果上述所有记录均存在且 N 被攻破，则记录（N，ID_N，T，χ，$Info(T)$），其中 $\chi = \beta$。随后，发送（Output，sid，N，β）给 N。

⑥一旦收到来自 S 的消息（Update，sid，T，γ），验证是否存在记录（N，ID_N，T，χ，$Info(T)$）：如果记录存在，则发送（Output，sid，T，χ，ID_N）给 T。同时删除内存中的记录（O，ID_O，T，t，$Info(T)$）。

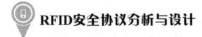

下面分析 F_{COT} 满足 6.4.2 节定义的安全和隐私需求。

（1）标签匿名性

S 从 F_{COT} 只能获得标签的类型，而无法获得标签的身份信息，这确保了标签的匿名性。

（2）不可追踪性

同上，S 从 F_{COT} 只能获得标签的类型。因而，即使从多个会话中获得了多个此类信息，S 也无法识别出某个标签。这就确保了标签的不可追踪性。

（3）双向认证

只有当记录（Authed，sid，O，T，success）和（Authed，sid，T，O，success）同时存在，即 O 成功认证 T 且 T 也成功认证 O 后，T 才能更新其秘密，进而完成标签所有权转移。

（4）云数据机密性

在标签所有权转移过程中，C 无法得到有关 T 的任何秘密信息。而且，即使 S 攻破了 C，S 也只能获得标签信息的长度值。这保证了云服务器中存储的标签信息的机密性。

（5）抗异步攻击

在所有权转移过程中，F_{COT} 始终存储标签和其所有者之间的所有权关系。只有当新的所有权关系（N，ID_N，T，χ，$Info(T)$）被创建并被传送给 T 后，F_{COT} 才删除旧的所有权关系（O，ID_O，T，t，$Info(T)$）。这保证了标签在任何时候都能被其所有者识别。

（6）前向安全性

一旦标签的新所有权关系被创建，F_{COT} 便删除旧所有权关系（O，ID_O，T，t，$Info(T)$），这样新所有者就无法访问标签和旧所有者之间的交互信息。

（7）后向安全性

在创建标签的新所有权关系时，F_{COT} 选取随机数 α 作为新秘密并删除旧所有权关系（O，ID_O，T，t，$Info(T)$）。这样旧所有者无法从其掌握的旧秘密 t 推导出 α 或其他信息，从而无法再识别或访问标签与新所有者之间的交互信息。

6.4.4.2　UC 安全性证明

定理 6.1　协议 π_{COT} 安全地实现了理想函数 F_{COT}。

证明：令 A 为与运行协议 π_{COT} 的各参与方交互的敌手，我们需要构建理想过程敌手 S，并使环境机 Z 无法区分它是在与现实敌手 A 和运行协议 π_{COT} 的各参与方交互还是在与理想过程中的 S 和 F_{COT} 交互，从而证明定理。

（1）理想过程敌手 S 的构建

S 模拟现实敌手 A 和各参与方的执行，环境机 Z 和 A 之间传输的所有消息均被 S 转发。具体地，S 运行如下。

①一旦收到来自 F_{COT} 的消息（sid，$\text{Type}(N)$），S 将来自 N 的消息 r_N 传送给 A，其中 r_N 是 S 选取的随机数。

②当 A 传送消息 r'_N 给 T，S 首先验证在理想过程中已收到 F_{COT} 传送的消息（sid，$\text{Type}(T)$）。然后，S 将来自 T 的消息（MT_1，MT_2，MT_3，MT_4）传送给 A，其中 r_S 和 r_T 是 S 选取的随机数，$MT_1 = ID_O \oplus H(t) \oplus H(r'_N \oplus r_S)$，$MT_2 = t \oplus r_T$，$MT_3 = H(r'_N \| r_T)$，$MT_4 = (r'_N \| r_S)^2 \bmod n$。

③当 A 传送消息（$MT'_1, MT'_2, MT'_3, MT'_4$）给 N，S 执行如下：S 解二次剩余方程 $MT'_4 = x^2 \bmod n$ 并得到 r'_S。随后，S 验证在理想过程中已收到 F_{COT} 传送的消息（sid，$\text{Type}(C)$）。最后，S 选取随机数 t' 并将来自 N 的消息（$r_N, MT'_2, MT'_3, MN_1, MN_2$）传送给 C，其中 $MN_1 = MT'_1 \oplus H(r_N \oplus r'_S)$，$MN_2 = H(t') \| ID_N \| E(K_N, t')$。此外，在理想过程中，$S$ 传送（$\text{Create}, sid, N, t'$）给 F_{COT}。一旦 F_{COT} 传送了输出消息给 N，S 也做同样的操作。

④当 C 收到消息（$r_N, MT'_2, MT'_3, MN_1, MN_2$），$S$ 在其数据库中查询使等式 $O_{id} = ID_O$ 和 $I_t = MN_1 \oplus ID_O$ 成立的数据记录。如果查询结果非空，且在理想过程中已收到 F_{COT} 传送的消息（sid，$\text{Type}(O)$），那么 S 将来自 C 的消息（$r_N, MT'_2, MT'_3, MC, MN_2$）传送给 O，其中 $MC =$

$E(K_O,t)$。

⑤当 O 收到消息 $(r_N,MT'_2,MT'_3,MC,MN_2)$，$S$ 可由 MC 获得 t。随后，S 验证等式 $MT'_3=H(r_N\|(MT'_2\oplus t))$ 是否成立。如果验证成功，S 将来自 O 的消息 $(MO,rk_{O\to N})$ 传送给 C，其中 $MO=t\oplus H(MT'_2\oplus t)$。此外，在理想过程中，$S$ 传送 $(\text{Auth-OT},sid,t)$ 给 F_{COT}。

⑥当 C 收到消息 $(MO,rk_{O\to N})$，S 执行如下：S 首先执行代理重加密算法 $\text{ReEnc}(rk_{O\to N},e(pk_O,Info))$，从而获得密文 $e(pk_N,Info)$。然后，S 为 C 创建新记录 $(H(t'),ID_N,E(K_N,t'),e(pk_N,Info))$。最后，$S$ 将来自 C 的消息 MO 传送给 N。此外，在理想过程中，S 传送 $(\text{Transfer},sid,O,N,T)$ 给 F_{COT}。

⑦当 N 收到消息 MO，S 将来自 N 的消息 (MN_3,MN_4,MN_5) 传送给 A，其中 $MN_3=t'\oplus r'_S$，$MN_4=ID_N\oplus H(r'_S)$，$MN_5=H(MO\|MN_3\|MN_4\|r'_S)$。

⑧当 A 传送消息 (MN'_3,MN'_4,MN'_5) 给 T，S 验证等式 $MN_5'=H((t\oplus H(r_T))\|MN_3\|MN_4\|r_S)$ 是否成立。如果成立，S 执行如下操作：首先，在理想过程中，S 传送 $(\text{Auth-TO},sid,t)$ 给 F_{COT}。然后，S 分别更新 t 和 O_{id} 的值，其中 $t=MN'_3\oplus r_S$，$O_{id}=MN'_4\oplus H(r_S)$。此外，在理想过程中，$S$ 传送 $(\text{Update},sid,T,t,O_{id})$ 给 F_{COT}。一旦 F_{COT} 传送了输出消息给 N，S 也做同样的操作。

⑨模拟参与方被攻破：如果敌手 A 攻破了某一参与方，那么在理想过程中，S 也攻破了同样的参与方，并且把被攻破参与方的相应内部数据发送给敌手 A。

（2）S 有效性证明

为了验证 S 的有效性，我们证明对任意环境机 Z，存在：

$$REAL_{\pi_{\text{COT}},A,Z}\approx IDEAL_{F_{\text{COT}},S,Z}\text{。}$$

很显然，无论 C 被攻破，还是 O 被攻破，在环境机 Z 看来，协议的现实执行和理想过程都是不可区分的。我们定义事件 NC。在现实交互中，事件 NC 表示在 N 为待转移标签产生新密钥前，A 攻破了 N。在理想过程中，事件 NC 表示在 S 给 F_{COT} 发送消息（Create，

sid，…）前，S 内模拟的 A 攻破了 N。

引理 6.1 假设 $H()$ 是一个安全的 Hash 函数，那么，在事件 NC 发生的情况下，对于环境机而言，现实协议输出 $REAL_{\pi_{\mathrm{COT}},A,Z}$ 和理想过程输出 $IDEAL_{F_{\mathrm{COT}},S,Z}$ 是不可区分的。

证明： 当事件 NC 发生时，在理想过程中，S 给 F_{COT} 发送消息（Create，sid，N，t'）前，S 内模拟的 A 攻破 N，其中 t' 是由 S 随机选取的。随后，F_{COT} 在内存中记录（N，ID_N，T，t'，$Info(T)$）。最终，F_{COT} 输出 t' 给 N，输出（t'，ID_N）给 T。此处的 t' 与现实交互中输出给 N 和 T 的 t' 是同一个值。现实交互输出和理想过程输出唯一不同的地方在于，理想过程中 T 获得了 ID_N，而在现实交互中 T 获得了 O_{id}，其中 $O_{id}=H(OID)$。下面我们证明，在上述情况下，对环境机 Z 而言，现实交互输出和理想过程输出仍是不可区分的。

假定存在环境机 Z 和敌手 A，使得 Z 可以以不可忽略的概率区分现实交互输出和理想过程输出。首先构建敌手 D，并假设 D 打破了 Hash 函数 $H()$ 的安全性假设，即 D 访问随机函数 f 并能以不可忽略的概率区分 $f()=H()$ 和 f 为有一定取值范围的随机数生成函数这两种情况。D 模拟 A 和运行 π_{COT} 的各参与方的交互。所不同的是，当设置 N 的身份信息 O_{id} 时，D 令 $O_{id}=f(OID)$。如果 Z 在 N 产生输出前攻破了 N，那么 D 终止并输出一个随机比特值。否则，D 输出 Z 的输出值。

对于第一种情况，两个交互的输出值均为 $H(OID)$。因此，如果 D 不终止，那么模拟的 Z 的输出与现实交互输出 $REAL_{\pi_{\mathrm{COT}},A,Z}$ 是无法区分的。对于第二种情况，两个交互的输出值均为随机数。因此，如果 D 不终止，那么模拟的 Z 的输出与理想过程输出 $IDEAL_{F_{\mathrm{COT}},S,Z}$ 是无法区分的。

由此可得，D 无法以不可忽略的概率区分 $f()=H()$ 和 f 为随机数生成函数这两种情况的输出。然而，$H()$ 是一个安全的随机数生成函数，因此上述假设不成立，即在理想过程中 T 获得 ID_N，而在现实交互中 T 获得 O_{id} 的情况下，存在环境机 Z 和敌手 A，使

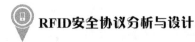

得 Z 无法区分现实交互输出和理想过程输出。

引理 **6.2**　在事件 NC 不发生的情况下，假设 $H(\ )$ 是一个安全的 Hash 函数，对于环境机而言，现实交互输出 $REAL_{\pi_{\text{COT}},A,Z}$ 和理想过程输出 $IDEAL_{F_{\text{COT}},S,Z}$ 是不可区分的。

证明：当事件 NC 不发生时，在理想过程中，S 选取随机数 α 并分别输出 α 给 N 及（α，ID_N）给 T。而在现实交互中，N 的输出为 t'，T 的输出为（t'，O_{id}），其中 $O_{id} = H(OID)$。在这种情况下，对于 Z 而言现实交互输出和理想过程输出是不可区分的，因为 α 和 t' 都是两个交互中独立选取的随机数。现实交互输出和理想过程输出唯一不同的地方在于，理想过程中 T 获得 ID_N，而在现实交互中 T 获得 O_{id}，其中 $O_{id} = H(OID)$。根据引理 6.1，我们可以知道，在上述情况下，对环境机 Z 而言，现实交互输出和理想过程输出仍是不可区分的。

由引理 6.1 和引理 6.2 可知，对于任意敌手 A，存在理想过程敌手 S，使环境机 Z 不能以不可忽略的概率区分它是在与现实环境中的 A 和运行协议 π_{COT} 的参与方交互还是在与理想环境中的 S 和 F_{COT} 交互，即 $REAL_{\pi_{\text{COT}},A,Z} \approx IDEAL_{F_{\text{COT}},S,Z}$。

6.5　本章小结

本章分析了在传统 RFID 系统中引入云服务的必要性，提出了云计算环境下的标签所有权转移协议架构和安全需求。然后，设计了一个新的基于云的标签所有权转移协议，并在 UC 框架下证明了协议具有标签匿名性、不可追踪性、双向认证、云数据机密性、抗异步攻击、前向安全性、后向安全性及 UC 安全性等安全属性。与传统 RFID 标签所有权转移协议相比，新协议确保了大规模 RFID 系统的可用性和可扩展性，同时也大大提高了数据管理和处理的效率。

7 总结与展望

物联网是继互联网之后的又一次信息化革命，物联网产业的发展将引领一个国家经济发展的新模式。作为物联网感知层的关键技术，RFID 技术以其低成本、易使用等优势，已经被广泛地应用于各行各业。同时，RFID 系统的安全和隐私保护问题也受到人们越来越多的关注。因此，设计安全性强、效率高的 RFID 安全协议已经成为目前这一领域的研究热点。下面首先对本书已完成的工作进行总结，然后提出 RFID 安全协议领域下一步的研究方向。

本书对 RFID 系统的不同应用场景进行了安全需求分析，并使用适当的密码学工具设计了满足相应应用安全目标的 RFID 协议。本书的主要贡献体现在以下几个方面。

①随着信息化进程的不断深化，新的 RFID 应用将越来越复杂。未来，一个 RFID 协议可能需要由很多子协议组成，保障协议的组合安全性将成为 RFID 安全协议的设计重点。一个被证明为 UC 安全实现某些功能的协议，在任何复杂的、不可预测的环境下仍能保持其安全性。本书对 UC 框架进行了详细的描述，针对几类 RFID 系统任务设计了相应的理想函数，并证明了新协议的 UC 安全性。

②RFID 标签组证明协议可以产生两个或两个以上的 RFID 标签被一个读写器同时扫描的证据，该协议在实际生活中有着广泛的应用前景。早期的组证明协议重点关注基本功能的实现，而往往忽略在协议执行过程中产生的隐私泄露和无效组证明等问题。近年来，学者们陆续提出了相关性、同时性、消除无效标签、防止竞态条件等功能性和安全性方面的需求。本书全面考虑上述需求，设计

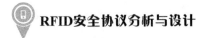

了一个读取顺序无关的组证明协议。协议将随机数生成函数作为主要计算方式，使得协议符合 EPC C1G2 标准。另外，协议中读写器也无须掌握标签秘密信息，使得协议的应用更为方便。

③标签所有权转移协议是供应链环境下 RFID 系统的重要研究内容。解决标签所有权转移过程中存在的安全和隐私问题更是重中之重。现有的解决方案，往往按标签和原所有者的双向认证、所有权转移、秘密更新这 3 步完成标签所有权的转移。我们提出的协议将标签对原所有者的认证推迟到秘密更新前，这就有效地减少了标签所有权转移过程的交互次数，也提高了协议的效率。此外，我们提出的协议无须可信第三方的支持，大大降低了 RFID 系统中密钥管理的难度。同时，新协议也解决了已有标签所有权转移协议中容易出现的易遭受异步攻击和无法满足后向隐私的问题。

④为了实现 RFID 标签的组转移，已有协议往往需要单独使用组证明协议扫描标签，以保证标签组转移的同时性。本书结合标签组证明协议的设计思想，在单标签所有权转移的基础上，通过引入标签组标识符，设计了一个安全且高效的 RFID 标签组所有权转移协议。新协议能在一个会话内完成 RFID 标签组所有权的转移。

⑤在基于云的 RFID 系统中，半可信的云服务器取代了传统架构中的后台服务器，由它来完成标签信息的存储和管理。本书设计了一个适合于云环境的标签所有权转移协议，该协议将传统 RFID 架构下由旧所有者的后台服务器执行的查询标签操作和由新所有者的后台服务器执行的创建新所有权的操作交给了云服务器来完成。这样既提高协议的执行效率，也降低了协议的交互次数。此外，在新协议设计过程中，通过采用代理重加密等安全机制保障了 RFID 标签所有权转移的安全性。

在保障 RFID 协议安全性方面，还需要做进一步深入、全面的研究。今后，研究重点将集中在以下几个方向。

（1）适合低成本 RFID 标签的轻量级加解密算法的研究

在现实应用中，标签的成本往往会决定 RFID 系统能否大规模使用。而由于低成本标签资源有限，在其上可应用的密码学算法也需要是轻量的、高效的。因此如何在算法安全性与实现性能之间寻求平衡，从而设计出适用于低成本 RFID 标签的轻量级加解密算法是未来需要解决的问题。同时，在此基础之上，设计安全且高效的认证机制也是非常重要的。因为确保双向认证是 RFID 安全协议的基本安全要求。

（2）设计不同应用背景下的 RFID 安全协议

随着 RFID 标签应用背景的不断扩展，越来越多的 RFID 系统需要解决相应的安全和隐私问题。未来，需要针对不同的行业及不同的应用领域进行分析，总结相关的安全性需求，进而设计出满足需求的 RFID 安全协议。

（3）云计算环境下 RFID 安全协议的研究

随着云计算技术的不断普及和发展，未来必定有越来越多的 RFID 系统移植到云环境中。保障云环境下 RFID 协议的安全性，以防止用户信息泄露将成为未来 RFID 安全协议的研究重点。

（4）RFID 安全协议的应用

本书在 UC 框架下对提出的协议进行了安全性分析，理论上证明了所设计的协议能达到现实应用的安全目标。下一步，将通过模拟实验或现场部署等方式，推动 RFID 安全协议的实际应用和推广。

参 考 文 献

［1］雷吉成．物联网安全技术［M］．北京：电子工业出版社，2012．

［2］曹峥．物联网中 RFID 技术相关安全性问题研究［D］．西安：西安电子科技大学，2013．

［3］张鸿涛．物联网关键技术及系统应用［M］．北京：机械工业出版社，2011．

［4］中国信息通信研究院．物联网白皮书［EB/OL］．（2015 – 12 – 01）［2016 – 03 – 02］．http：//www．caict．ac．cn/kxyj/qwfb/bps/201512/t20151223_2150163．html．

［5］张俊松．物联网环境下的安全与隐私保护关键问题研究［D］．北京：北京邮电大学，2014．

［6］无线龙．高频 RFID 技术高级教程［M］．北京：冶金工业出版社，2012．

［7］周永彬，冯登国．RFID 安全协议的设计与分析［J］．计算机学报，2006，29（4）：581 – 589．

［8］Peris-Lopez P，Hernandez-Castro J C，Estevez-Tapiador J M，et al. RFID systems：a survey on security threats and proposed solutions［C］//Proceedings of the Conference on Personal Wireless Communications. Berlin：Springer，2006：159 – 170．

［9］Danev B，Heydt-Benjamin T S，Čapkun S. Physical-layer identification of RFID devices［C］//Proceedings of the 18th USENIX Security Symposium. USENIX Association，2009：199 – 214．

［10］Mitrokotsa A，Rieback M R，Tanenbaum A S. Classification of RFID attacks［C］//Proceedings of the 2nd International Workshop on RFID Technology-Concepts，Applications，Challenges（IWRT 2008）．2008：73 – 86．

［11］D'Arco P，Scafuro A，Visconti I. Revisiting DoS attacks and privacy in RFID-enabled networks［M］//Algorithmic Aspects of Wireless Sensor Networks. Berlin：Springer，2009：76 – 87．

［12］Mitrokotsa A，Rieback M R，Tanenbaum A S. Classifying RFID attacks and defenses［J］. Information Systems Frontiers，2010，12（5）：491 – 505．

［13］ 周世杰，张文清，罗嘉庆. 射频识别（RFID）隐私保护技术综述［J］. 软件学报，2015，26（4）：960－976.

［14］ Juels A. RFID security and privacy：a research survey［J］. IEEE Journal on Selected Areas in Communications，2006，24（2）：381－394.

［15］ Koscher K，Juels A，Brajkovic V，et al. EPC RFID tag security weaknesses and defenses：passport cards，enhanced drivers licenses，and beyond［C］//Proceedings of the 16th ACM Conference on Computer and Communications Security. New York：ACM，2009：33－42.

［16］ Juels A，Rivest R L，Szydlo M. The blocker tag：selective blocking of RFID tags for consumer privacy［C］//Proceedings of the 10th ACM Conference on Computer and Communications Security. New York：ACM，2003：103－111.

［17］ Rieback M R，Crispo B，Tanenbaum A S. Keep on blockin' in the free world：personal access control for low-cost RFID tags［C］//Proceedings of the 13th International Workshop on Security Protocols. Berlin：Springer，2007：51－59.

［18］ Sarma S E，Weis S A，Engels D. Radio-frequency-identification security risks and challenges［J］. RSA Laboratories Cryptobytes，2003，6（1）：2－9.

［19］ Weis S A，Sarma S E，Rivest R L，et al. Security and privacy aspects of low-cost radio frequency identification systems［M］//Security in pervasive computing. Berlin：Springer，2003：201－212.

［20］ Ohkubo B M，Suzuki K，Kinoshita K. Hash-chain based forward-secure privacy protection scheme for low-cost RFID［C］//Proceedings of the Symposium on Cryptography and Information Security（SCIS 2004）. Sendai，2004：719－724.

［21］ Bolotnyy L，Robins G. Physically unclonable function-based security and privacy in RFID systems［C］//Proceedings of the 5th International Conference on Pervasive Computing and Communications. Piscataway，NJ：IEEE，2007：211－220.

［22］ 张紫楠，郭渊博. 物理不可克隆函数综述［J］. 计算机应用，2012，32（11）：3115－3120.

［23］ Hopper N J，Blum M. Security human identification protocol［C］//Proceedings of ASIACRYPT'01. Berlin：Springer，2001：52－66.

［24］ Bringer J，Chabanne H，Dottax E. HB＋＋：a lightweight authentication protocol secure against some attacks［C］//Proceedings of the 2nd International Workshop on Security, Privacy and Trust in Pervasive and Ubiquitous Computing. Piscataway, NJ: IEEE, 2006: 28 – 33.

[25] Leng X, Mayes K, Markantonakis K. HB – MP + protocol: an improvement on the HB-MP protocol [C]//Proceedings of IEEE International Conference on RFID. Piscataway, NJ: IEEE, 2008: 118 – 124.

[26] 周景贤. RFID 系统安全协议研究 [D]. 北京：北京邮电大学，2013.

[27] Fernàndez-Mir A, Castellà-Roca J, Viejo A. Secure and scalable RFID authentication protocol [M]//Data Privacy Management and Autonomous Spontaneous Security. Berlin: Springer, 2011: 231 – 243.

[28] Burmester M, Van Le T, De Medeiros B. Provably secure ubiquitous systems: universally composable RFID authentication protocols [C]//Proceedings of the 2nd International Conference on Security and Privacy in Networks. Piscataway, NJ: IEEE, 2006: 176 – 186.

[29] 肖锋，周亚建，周景贤，等. 标准模型下可证明安全的 RFID 双向认证协议 [J]. 通信学报，2013，34（4）：82 – 87.

[30] 金永明，吴棋滢，石志强，等. 基于 PRF 的 RFID 轻量级认证协议研究 [J]. 计算机研究与发展，2014，51（7）：1506 – 1514.

[31] Kapoor G, Zhou W, Piramuthu S. Multi-tag and multi-owner RFID ownership transfer in supply chains [J]. Decision Support Systems, 2011, 52（1）: 258 – 270.

[32] Sundaresan S, Doss R, Zhou W, et al. Secure ownership transfer for multi-tag multi-owner passive RFID environment with individual-owner-privacy [J]. Computer Communications, 2014, 55: 112 – 124.

[33] Ahamed S, Rahman F, Hoque E, et al. S3PR: secure serverless search protocols for RFID [C]//Proceedings of the International Conference on Information Security and Assurance. Piscataway, NJ: IEEE, 2008: 187 – 192.

[34] Chen M, Luo W, Mo Z, et al. An efficient tag search protocol in large-scale RFID systems [J]. Proceedings of IEEE INFOCOM. Piscataway, NJ: IEEE, 2013: 899 – 907.

[35] Sundaresan S, Doss R, Piramuthu S, et al. Secure tag search in RFID systems using mobile readers [J]. IEEE Transactions on Dependable and Secure Computing, 2015, 12（2）: 230 – 242.

［36］ Hancke G P, Kuhn M G. An RFID distance bounding protocol ［C］//Proceedings of the 1st International Conference on Security and Privacy for Emerging Areas in Communications Networks. Piscataway, NJ: IEEE, 2005: 67－73.

［37］ 辛伟. 基于 RFID 技术的供应链的若干安全与隐私问题研究 ［D］.北京: 北京大学, 2013.

［38］ Dolev D, Yao A. On the security of public key protocols ［J］. IEEE Transactions on Information Theory, 1983, 29 （2）: 198－208.

［39］ 邓淼磊. 几类安全协议的研究与设计 ［D］.西安: 西安电子科技大学, 2010.

［40］ 张忠, 徐秋亮. 物联网环境下 UC 安全的组证明 RFID 协议 ［J］.计算机学报, 2011, 34 （7）: 1188－1194.

［41］ 张帆, 孙璇, 马建峰, 等. 供应链环境下通用可组合安全的 RFID 通信协议 ［J］.计算机学报, 2008, 31 （10）: 1754－1767.

［42］ 邓淼磊, 马建峰, 周利华. RFID 匿名认证协议的设计 ［J］.通信学报, 2009, 30 （7）: 20－26.

［43］ Van Le T, Burmester M, De Medeiros B. Universally composable and forward secure RFID authentication and authenticated key exchange ［C］//Proceedings of the 2nd ACM Symposium on Information, Computer and Communications Security, 2007: 242－252.

［44］ Su C, Santoso B, Li Y, et al. Universally composable RFID mutual authentication ［J］. IEEE Transactions on Dependable & Secure Computing, 2017, 14 （1）: 83－94.

［45］ Goldreich O. 密码学基础 ［M］.温巧燕, 杨义先, 译. 北京: 人民邮电出版社, 2003.

［46］ Stallings W. 密码编码学与网络安全: 原理与实践 ［M］.5 版. 王张宜, 等译. 北京: 电子工业出版社, 2012.

［47］ Stinson D R. 密码学原理与实践 ［M］.3 版. 冯登国, 等译. 北京: 电子工业出版社, 2009.

［48］ 张华, 温巧燕, 金正平. 可证明安全算法与协议 ［M］.北京: 科学出版社, 2012.

［49］ Blaze M, Bleumer G, Strauss M. Divertible protocols and atomic proxy cryptography ［M］//Advances in Cryptology—EUROCRYPT'98. Springer Berlin Heidel-

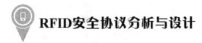
berg，1998：127 – 144.

［50］翁健，陈泯融，杨艳江，等．无需随机预言机的自适应攻陷模型下选择密文安全的单向代理重加密方案［J］.中国科学：信息科学，2010（2）：298 – 312.

［51］周德华．代理重加密体制的研究［D］.上海：上海交通大学，2013.

［52］李顺东．现代密码学：理论、方法与研究前沿［M］.北京：科学出版社，2009.

［53］薛锐，雷新锋．安全协议：信息安全保障的灵魂——安全协议分析研究现状与发展趋势［J］.中国科学院院刊，2011，26（3）：287 – 296.

［54］肖锋．物联网电子标签安全协议的研究与设计［D］.北京：北京邮电大学，2013.

［55］Ikram M，Chowdhury M A H，Redwan H，et al. A lightweight mutual authentication scheme for mobile radio frequency identification（mRFID）systems［C］//Proceedings of IPCCC 2008. Piscataway，NJ：IEEE，2008：289 – 296.

［56］Chen Y，Chou J S，Sun H M. A novel mutual authentication scheme based on quadratic residues for RFID systems［J］. Computer Networks，2008，52（12）：2373 – 2380.

［57］Martínez S，Valls M，Roig C，et al. A secure elliptic curve-based RFID protocol［J］. Journal of Computer Science and Technology，2009，24（2）：309 – 318.

［58］Blum M，Micali S. How to generate cryptographically strong sequences of pseudo random bits［C］//Proceedings of the 23rd Annual Symposium on Foundations of Computer Science. Piscataway，NJ：IEEE，1982：112 – 117.

［59］Yao A C. Theory and application of trapdoor functions［C］//Proceedings of the 23rd Annual Symposium on Foundations of Computer Science. Piscataway，NJ：IEEE，1982：80 – 91.

［60］Bellare M，Rogaway P. Random oracles are practical：a paradigm for designing efficient protocols［C］//Proceedings of the 1st ACM Conference on Computer and Communications security. New York：ACM，1993：62 – 73.

［61］Bellare M，Rogaway P. Entity authentication and key distribution［C］//Proceedings of the 13th Annual International Cryptology Conference on Advances in Cryptology. Berlin：Springer，1994：232 – 249.

［62］Bellare M，Canetti R，Krawczyk H. A modular approach to the design and analysis of authentication and key-exchange protocols ［C］//Proceedings of the 30th Annual Symposium on the Theory of Computing. New York: ACM, 1998: 419 – 428.

［63］ Canetti R, Krawczyk H. Analysis of key exchange protocols and their use for building secure channels ［M］//Advances in Cryptology—EUROCRYPT 2001. Berlin: Springer, 2001: 453 – 474.

［64］ 雷新锋, 宋书民, 刘伟兵, 等. 计算可靠的密码协议形式化分析综述 ［J］. 计算机学报, 2014 (5): 993 – 1016.

［65］ Burrows M, Abadi M, Needham R. A logic of authentication ［J］. ACM Transactions on Computer Systems, 1990, 8 (1): 18 – 36.

［66］ Gong L, Needham R, Yahalom R. Reasoning about belief in authentication protocols ［C］//Proceedings of the IEEE Computer Society Symposium on Research in Security and Privacy. Piscataway, NJ: IEEE, 1990: 234 – 248.

［67］ Abadi M, Tuttle M R. A semantics for a logic of cryptographic ［C］//Proceedings of the 10th ACM Symposium on Principles of Distributed Computing. New York: ACM, 1991: 201 – 216.

［68］ Oorschot P V. Extending cryptographic logics of belief to key agreement protocols ［C］//Proceedings of the 1st ACM Conference on Computer and Communications Security. New York: ACM, 1993: 232 – 243.

［69］ Syverson P F, Oorschot P C V. On unifying some cryptographic protocol logics ［C］//Proceedings of the IEEE Computer Society Symposium on Research in Security and Privacy. Piscataway, NJ: IEEE, 1994: 14 – 28.

［70］ Mao W B, Boyd C. Towards the formal analysis of security protocols ［C］//Proceedings of the Computer Security Foundation Workshop VI. Piscataway, NJ: IEEE, 1993: 147 – 158.

［71］ Abadi M, Gordon A D. A calculus for cryptographic protocols: the spi calculus ［J］. Information and Computation, 1999, 148 (1): 1 – 70.

［72］ Paulson L C. The inductive approach to verifying cryptographic protocols ［J］. Journal of Computer Security, 1998, 6 (1 – 2): 85 – 128.

［73］ Fábrega F J T, Herzog J C, Guttman J D. Strand spaces: proving security protocols correct ［J］. Journal of Computer Security, 1999, 7 (2 – 3): 191 – 230.

［74］ Abadi M, Rogaway P. Reconciling two views of cryptography ［C］//Proceedings of the International Conference IFIP on Theoretical Computer Science. London, UK, 2000: 3 – 22.

[75] Canetti R. Universally composable security: a new paradigm for cryptographic protocols [C]//Proceedings of the 42nd IEEE Symposium on Foundations of Computer Science. IEEE, 2001: 136 – 145.

[76] Canetti R. Obtaining universally compoable security: towards the bare bones of trust [M]//Advances in Cryptology-ASIACRYPT 2007. Springer Berlin Heidelberg, 2007: 88 – 112.

[77] 冯涛. 通用可复合密码协议理论及其应用研究 [D]. 西安: 西安电子科技大学, 2008.

[78] 贾洪勇. 安全协议的可组合性分析与证明 [D]. 北京: 北京邮电大学, 2009.

[79] Peris-Lopez P, Hernandez-Castro J C, Tapiador J M E, et al. LMAP: a real lightweight mutual authentication protocol for low-cost RFID tags [J]. Proc of Workshop on Rfid Security, 2006 (10): 6.

[80] Ma C, Li Y, Deng R H, et al. RFID privacy: relation between two notions, minimal condition, and efficient construction [C]//ACM Conference on Computer and Communications Security. ACM, 2009: 54 – 65.

[81] Burmester M, Munilla J. Lightweight RFID authentication with forward and backward security [J]. ACM Transactions on Information & System Security, 2011, 14 (1): 1 – 26.

[82] 辛伟, 郭涛, 董国伟, 等. RFID 认证协议漏洞分析 [J]. 清华大学学报 (自然科学版), 2013 (12): 1719 – 1725.

[83] Juels A. "Yoking-proofs" for RFID tags [C]//Proceedings of the Second IEEE Annual Conference on Pervasive Computing and Communications. IEEE Computer Society, 2004: 138 – 143.

[84] Saito J, Sakurai K. Grouping proof for RFID tags [C]//Proceedings of 19th International Conference on Advanced Information Networking and Applications. IEEE, 2005, 2: 621 – 624.

[85] Lin C C, Lai Y C, Tygar J D, et al. Coexistence proof using chain of timestamps for multiple RFID tags [M]//Advances in Web and Network Technologies, and Information Management. Springer Berlin Heidelberg, 2007: 634 – 643.

［86］ Chien H Y, Liu S B. Tree-based RFID yoking proof ［C］//Proceedings of International conference on networks security, wireless communications and trusted computing. IEEE Computer Society, 2009: 550 – 553.

［87］ Nai-Wei L O, Yeh K H. Anonymous coexistence proofs for RFID tags ［J］. Journal of Information Science and Engineering, 2010, 26 (4): 1213 – 1230.

［88］ Burmester M, de Medeiros B, Motta R. Provably secure grouping-proofs for RFID Tags ［C］//Proceeding of the 8th smart card research and advanced applications. Berlin: Springer, 2008: 176 – 190.

［89］ Peris-Lopez P, Orfila A, Hernandez-Castro J C, et al. Flaws on RFID grouping-proofs: guidelines for future sound protocols ［J］. Journal of Network and Computer Applications, 2011, 34 (3): 833 – 845.

［90］ Ma C, Lin J, Wang Y, et al. Offline RFID grouping proofs with trusted timestamps ［C］//Proceedings of the 11th International Conference on Trust, Security and Privacy in Computing and Communications. IEEE, 2012: 674 – 681.

［91］ Sundaresan S, Doss R, Zhou W. Offline grouping proof protocol for RFID systems ［C］//Proceedings of 9th IEEE International Conference on Wireless and Mobile Computing, Networking and Communications (WiMob) . IEEE, 2013: 247 – 252.

［92］ Liu H, Ning H, Zhang Y, et al. Grouping-proofs-based authentication protocol for distributed RFID systems ［J］. IEEE Transactions on Parallel and Distributed Systems, 2013, 24 (7): 1321 – 1330.

［93］ Sundaresan S, Doss R, Piramuthu S, et al. A robust grouping proof protocol for RFID EPC C1G2 tags ［J］. IEEE Transactions on Information Forensics and Security, 2014, 9 (6): 961 – 975.

［94］ Lien Y, Leng X, Mayes K, et al. Reading order independent grouping proof for RFID tags ［C］//Proceedings of IEEE International Conference on Intelligence and Security Informatics. IEEE, 2008: 128 – 136.

［95］ Sun H M, Ting W C, Chang S Y. Offlined simultaneous grouping proof for RFID tags ［C］//Proceedings of the 2nd International Conference on Computer Science and Its Applications. IEEE, 2009: 1 – 6.

［96］ Duc D N, Kim J, Kim K. Scalable grouping-proof protocol for RFID tags ［C］//Proceedings of the Symposium on Cryptography and Information Security. Takamatau，Japan，2010：1 – 6.

[97] Chen Y Y，Tsai M L. An RFID solution for enhancing inpatient medication safety with real-time verifiable grouping-proof [J]. International Journal of Medical Informatics，2014，83 (1)：70 – 81.

[98] Lim C H，Kwon T. Strong and robust RFID authentication enabling perfect ownership transfer [C]//Proceedings of the 8th International Conference on Information and Communications Security. Springer Berlin Heidelberg，2006：1 – 20.

[99] Molnar D，Soppera A，Wagner D. A scalable，delegatable pseudonym protocol enabling ownership transfer of RFID tags [C]//Proceedings of the 12th International Workshop on Selected Areas in Cryptography. Springer Berlin Heidelberg，2006：276 – 290.

[100] Osaka K，Takagi T，Yamazaki K，et al. An efficient and secure RFID security method with ownership transfer [C]//Proceedings of the International Conference on Computational Intelligence and Security. IEEE，2006：1090 – 1095.

[101] Fouladgar S，Afifi H. An efficient delegation and transfer of ownership protocol for RFID tags [C]//Proceedings of the 1st International EURASIP Workshop on RFID Technology. Vienna，Austria，2007：68 – 93.

[102] Song B. RFID tag ownership transfer [EB/OL]. (2008 – 07 – 09)[2016 – 03 – 02]. http：//events. iaik. tugraz. at/RFIDSec08/Papers/index. htm.

[103] Song B，Mitchell C J. Scalable RFID security protocols supporting tag ownership transfer [J]. Computer Communications，2011，34 (4)：556 – 566.

[104] 金永明，孙惠平，关志，等. RFID 标签所有权转移协议研究 [J]. 计算机研究与发展，2011，48 (8)：1400 – 1405.

[105] Elkhiyaoui K，Blass E O，Molva R. ROTIV：RFID ownership transfer with issuer verification [C]//Proceedings of the 7th International Workshop on RFID Security and Privacy. Berlin：Springer，2012：163 – 182.

[106] Moriyama D. Cryptanalysis and improvement of a provably secure RFID ownership transfer protocol [C]//Proceedings of the 2nd International Workshop on Lightweight Cryptography for Security and Privacy. Berlin：Springer，2013：114 – 129.

[107] Kapoor G，Piramuthu S. Single RFID tag ownership transfer protocols [J]. IEEE Transactions on Systems，Man，and Cybernetics-part C：Applications and Re-

views, 2012, 42 (2): 164 - 173.

[108] Doss R, Zhou W, Yu S. Secure RFID tag ownership transfer based on quadratic residues [J]. IEEE Transactions on Information Forensics and Security, 2013, 8 (2): 390 - 401.

[109] Chen C L, Huang Y C, Jiang J R. A secure ownership transfer protocol using EPC global Gen-2 RFID [J]. Telecommunication Systems, 2013, 53 (4): 387 - 399.

[110] Zuo Y. Changing hands together: a secure group ownership transfer protocol for RFID tags [C]//Proceedings of the 43rd Hawaii International Conference on System Sciences. IEEE, 2010: 1 - 10.

[111] Jannati H, Falahati A. Cryptanalysis and enhancement of a secure group ownership transfer protocol for RFID tags [C]//Proceedings of the 7th International Global Security, Safety and Sustainability and 4th e-Democracy Joint Conference. Berlin: Springer, 2012: 186 - 193.

[112] Yang M H. Secure multiple group ownership transfer protocol for mobile RFID [J]. Electronic Commerce Research and Applications, 2012, 11 (4): 361 - 373.

[113] He L, Gan Y, Yin Y. Secure group ownership transfer protocol for tags in RFID system [J]. International Journal of Security and its Applications, 2014, 8 (3): 21 - 30.

[114] Armbrust M, Fox A, Griffith R, et al. A view of cloud computing [J]. Communications of the ACM, 2010, 53 (4): 50 - 58.

[115] Duan Q, Yan Y, Vasilakos A V. A survey on service-oriented network virtualization toward convergence of networking and cloud computing [J]. IEEE Transactions on Network and Service Management, 2012, 9 (4): 373 - 392.

[116] Zhao W, Li X, Liu D, et al. SaaS mode based region RFID public service platform [C]//Proceedings of the Third International Conference on Convergence and Hybrid Information Technology. IEEE, 2008, 1: 1147 - 1154.

[117] Bapat T A, Candan K S, Cherukuri V S, et al. Information-gradient based decentralized data management over RFID tag clouds [C]//Proceedings of the 2009 Tenth International Conference on Mobile Data Management: Systems, Services and Middleware. IEEE, 2009: 72 - 81.

[118] Dabas C, Gupta J P. A cloud computing architecture framework for scalable

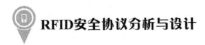

RFID［C］//Proceedings of the International Multi-Conference of Engineering and Computer Scientists，2010，1：441－444.

［119］Chattopadhyay A，Prabhu B S，Gadh R. Web based RFID asset management solution established on cloud services［C］//Proceedings of the 2011 IEEE International Conference on RFID-Technologies and Applications（RFID-TA）. IEEE，2011：292－299.

［120］Bingöl M A，Birinci F，Kardaş S，et al. Anonymous RFID authentication for cloud services［J］. International Journal of Information Security Science，2012，1（2）：32－42.

［121］Kardas S，Celik S，Bingol M A，et al. A new security and privacy framework for RFID in cloud computing［C］//Proceedings of the 2013 IEEE International Conference on Cloud Computing Technology and Science-Volume 01. IEEE Computer Society，2013：171－176.

［122］Vaudenay S. On privacy models for RFID［M］//Advances in Cryptology- ASIACRYPT 2007. Springer Berlin Heidelberg，2007：68－87.

［123］Hermans J，Pashalidis A，Vercauteren F，et al. A new RFID privacy model ［M］//Computer Security-ESORICS 2011. Springer Berlin Heidelberg，2011：568－587.

［124］Xie W，Xie L，Zhang C，et al. Cloud-based RFID authentication［C］//Proceedings of the IEEE International Conference on RFID. IEEE，2013：168－175.

［125］Abughazalah S，Markantonakis K，Mayes K. Secure improved cloud-based RFID authentication protocol［M］//Data Privacy Management，Autonomous Spontaneous Security，and Security Assurance. Springer International Publishing，2015：147－164.

［126］Chen S M，Wu M E，Sun H M，et al. CRFID：an RFID system with a cloud database as a back-end server［J］. Future Generation Computer Systems，2014，30：155－161.

［127］Lin I C，Hsu H H，Cheng C Y. A cloud-based authentication protocol for RFID supply chain systems［J］. Journal of Network and Systems Management，2015，23（4）：978－997.

［128］王国峰，刘川意，潘鹤中，等. 云计算模式内部威胁综述［J］. 计算机学报，2017，40（2）：296－316.